土石坝材料试验及特性反演方法研究

张宏洋　著

中国水利水电出版社
www.waterpub.com.cn
·北京·

内 容 提 要

本书以土石坝安全性评价为中心，以土石坝粗粒料三轴试验和湿化变形试验为基础，确定了邓肯-张模型、P-Z模型的基本力学参数，建立了土石坝材料湿化变形计算模型；从土石坝材料的不确定性，本构模型参数的模糊性、随机性，以及模型参数的反演分析入手，以邓肯-张模型为计算基础，建立了土石坝材料不确定性云推理反演计算模型，最后将模型应用到实际工程。全书共分6章，内容包括绪论，土石坝材料变形试验，基于邓肯-张模型的材料试验仿真分析，基于P-Z模型的材料试验仿真分析，基于云理论的土石坝材料参数反演研究和土石坝工程实例仿真分析。

本书可供水利、岩土、土木等专业从业人员进行相关的土石坝安全设计、规划与研究，以及高校本科生、研究生与科研院所等有关专业技术人员参考使用。

图书在版编目（CIP）数据

土石坝材料试验及特性反演方法研究 / 张宏洋著. -- 北京 : 中国水利水电出版社, 2021.4
ISBN 978-7-5170-9538-5

Ⅰ. ①土… Ⅱ. ①张… Ⅲ. ①土石坝—材料试验 Ⅳ. ①TV641

中国版本图书馆CIP数据核字(2021)第071729号

书　　名	**土石坝材料试验及特性反演方法研究** TUSHIBA CAILIAO SHIYAN JI TEXING FANYAN FANGFA YANJIU
作　　者	张宏洋　著
出版发行	中国水利水电出版社 (北京市海淀区玉渊潭南路1号D座　100038) 网址：www.waterpub.com.cn E-mail：sales@waterpub.com.cn 电话：(010) 68367658（营销中心）
经　　售	北京科水图书销售中心（零售） 电话：(010) 88383994、63202643、68545874 全国各地新华书店和相关出版物销售网点
排　　版	中国水利水电出版社微机排版中心
印　　刷	清淞永业（天津）印刷有限公司
规　　格	170mm×240mm　16开本　10印张　202千字
版　　次	2021年4月第1版　2021年4月第1次印刷
定　　价	**56.00**元

前　　言

新中国成立以来，我国的水利建设成绩卓著，建成了一大批水利基础设施，初步形成了防洪、排涝、灌溉、供水、发电等工程体系，在防御水旱灾害、保障国民经济持续发展和人民生命财产安全、改善生态环境、维护社会稳定等方面发挥了重大作用。截至 2016 年年底，我国共修建各类水库 98460 座（不含港澳台地区），其中大型水库 720 座，中型水库 3890 座，小型 93850 座，总库容 8967 亿 m^3。

随着西部大开发和西电东送战略的实施，在西南部地区修建的高土石坝越来越多，已建以及在建的主要有狮子坪水电站砾石黏土心墙堆石坝（136m）、水布垭面板堆石坝（233m）、长河水电站心墙堆石坝（240m）、两河口水电站土质心墙堆石坝（坝高 295m）以及双江口水电站土质心墙堆石坝（坝高 314m）等，因此研究土石坝材料力学特性及高土石坝安全性显得更加紧迫。

本书以土石坝粗粒料三轴试验和湿化变形试验为基础，确定了邓肯-张 E－ν 模型、P－Z 模型的基本力学参数，建立了土石坝材料湿化变形计算模型；从土石坝材料的不确定性，本构模型参数的模糊性、随机性，以及模型参数的反演分析入手，以邓肯-张 E－ν 模型为计算基础，建立了土石坝材料不确定性云推理反演计算模型，最后将模型应用到实际工程中进行了研究。

本书共分 6 章：第 1 章绪论，介绍了我国水利建设的成就，简述了土石坝材料本构模型、三轴试验及湿化变形试验、云理论的研究进展。第 2 章土石坝材料变形试验，介绍了土石坝材料三轴试验及湿化变形试验的方法、原理、要求及影响因素。第 3 章基于邓肯-张模型的材料试验仿真分析，介绍了目前土石坝材料常用本构模型的种类及特点，并设计和进行了土石坝材料的三轴试验和湿化变形试验，并应用邓肯-张模型对试验进行了仿真分析，研究了土石坝材料的力学特性和湿化变形特性。第4章基于P-Z模型的材料试验仿真分析，根据前期三轴试验和湿化变形试验成果，推导了基于P-Z模型的湿化变形参数，建立了湿化变形计算模型。第5章基于云理论的土石坝材料参数反演研究，根据三轴试验成果和云理论，对邓肯-张模型的参数进行了反演和仿真分析，建立了土石坝材料参数的反演分析模型。第6章土石坝工程实例仿真分析，将前述研究成果应用于两个土石坝实例当中，分析了其静力特性和湿化变形特性，研究了土石坝工程的安全性。

本书部分内容是在作者博士论文和近年来对土石坝安全性等方面的研究成果基础上凝练而成的，相关资料的收集、整理得到了华北水利水电大学、河海大学水利水电学院、南京水利科学研究院等单位的老师、同仁的大力支持与帮助。另外，部分理论也参考和借鉴了国内外相关论著、论文的观点，在此表示感谢。本书的出版得到了华北水利水电大学、水资源高效利用与保障工程河南省协同创新中心、河南省水工结构安全工程技术研究中心，国家自然科学基金项目（51609087，51709114）、国家重点研发计划项目（2017YFC1501201）、河南省高校重点科研项目（21A570001）等资助。

土石坝材料力学特性及反演是一个涉及多因素影响且相对复杂的问题，目前仍有许多问题有待进一步研究。由于作者水平有限，书中难免存在疏漏和不足之处，恳请读者给予批评指正。

作者

2021年4月于华北水利水电大学龙湾湖畔

目　　录

第1章 绪　论

1.1 研 究 背 景

土石坝是一种挡水建筑物，在古代就有“筑土御水”之说，用竹子、草料、砂石料、黏土等材料混合而成，具有坝宽、坡缓等特点，且大坝的形状随意性也比较大，主要靠人力和牲畜进行建造，虽能起到一定的挡水作用，但建造材料和工艺不是很精良，因此留存下来的不够多；现代建造的大坝主要使用的是石料与土料等比较坚固的材料，施工工艺也比较先进，大坝形状和尺寸会根据地形和地质来确定，大坝建造主要靠大型的机械对土石方进行抛填、碾压等过程来实现。随着我国西部大开发和西电东送战略的实施，我国修建的土石坝数量逐年增多，我国已建成水库中95%以上为土石坝[1]。土石坝具有取材方便、结构简单、建造容易等特点，产生经济效益明显，因此在国民经济发展过程中占据非常重要的位置[2]。

随着工程技术以及大坝学科的迅速发展，筑坝技术得到了提升，在造福人类的同时也出现了诸多问题，比如地质条件考虑不全面、施工技术不成熟、人为因素、设计存在缺陷等[3]，导致大坝出现各种各样的安全隐患，严重影响大坝的安全运行，对人们有序的生产生活产生威胁。例如，位于意大利的瓦伊大坝，坝高230m，由于选址问题一场大雨使5座村庄被淹没，2000人死于洪水，使人民财产和生命遭受巨大的损失；美国泥山心墙坝由于渗流致使心墙发生渗透破坏，严重影响大坝的安全运行；墨西哥英菲尔尼罗坝蓄水以后，大坝内部发生渗透导致坝顶出现了向上游变位和快速下沉等病险情况，严重威胁大坝的安全运行；西班牙埃尔伊西罗坝和盖佩茨克坝初次蓄水时出现了上游坝体较大沉降以及坝顶出现大范围的纵向裂缝的病险情况，这对于大坝的安全运行产生了非常严重的威胁。中国大量土石坝都是在1950—1970年建造的，当时的经济发展状况以及历史原因导致产生了许多不合格的大坝，存在很多潜在的安全问题。

土石坝的失事以及病险情况通常是由于施工工艺、人为因素、材料品质参差不齐、水文预报工作的滞后等原因造成的[4]，这严重危害大坝安全运行，因此对于大坝安全运行影响因素分析显得至关重要；本书选取粗粒料湿化变形因素进行考量，通过室内粗粒料的湿化变形试验对土石坝湿化变形的内部发生规律进行研究，通过模型验证以及有限元分析，直观地观测到大坝填筑粗粒料以后在考虑湿化变形和不考虑湿化变形时大坝内部的应力、位移发生的变化，具有实际的工程意义和研究价值。

1.2 国内外研究进展

1.2.1 本构模型的研究进展

在研究土石坝材料力学特性时，本构模型是影响分析结果的重要因素。传统的本构模型可以分为两种：一种为非线性弹性模型，主要有邓肯-张模型[5]和K-G模型[6]等；另一种为弹塑性模型，主要有D-P模型[7]、剑桥模型[8]和沈珠江双屈服面模型[9]等。非线性弹性模型可以反映土体变化的主要规律，但不能反映土的剪胀性，也不能反映应力路径及中主应力对变形的影响；弹塑性模型将材料的变形分为弹性变形和塑性变形两部分，用胡克定律计算弹性变形，用塑性理论求解塑性变形；弹塑性模型能够反映土体较为复杂的各向异性、剪胀性等力学特性，但假定塑性应变增量方向只与应力有关，而与应力增量无关，采用相关联流动法则，不考虑应力主轴旋转，这些都与实际情况存在较大差异。

随着土石坝材料试验技术和计算机技术的发展，Pastor和Zienkiewicz于1985年建立了一种基于广义塑性力学理论的本构模型——Pastor-Zienkiewicz模型[10]（简称P-Z模型）。该模型物理意义明确，可以描述土石坝材料的静力学、动力学特性，且在推求塑性变形时，不必首先定义屈服面及塑性势面，而是通过加载方向矢量和塑性势加卸载方向矢量确定屈服面及塑性势面，提高了模拟土石坝材料力学性能的便捷性。

P-Z模型被广泛应用于土体变形计算，何亮等[11]基于P-Z模型和考虑临界状态下的剪胀方程建立了适合描述堆石料变化的广义塑性模型；董国庆等[12]以P-Z模型为基础通过室内三轴试验结果，认为P-Z模型不仅能反映堆石料的剪胀与剪缩特性，还可以描述堆石料的破碎引起的峰值应力比和剪胀应力比的非线性变化特性；卞士海等[13]借鉴Lade-Duncan单屈服面模型中引入塑性功定义硬化规律的思路，对塑性模量进行了修正，使P-Z模型更好地预测堆石料应力应变特征；Heidarzadeh等[14]基于临界状态和边界曲面模型对广义塑性模型进行优化，优化后的模型对于砂土应力应变有更好的预测；Fu Zhongzhi等[15]以P-Z模型为基础，对堆石料蠕变进行了描述，并以实际工程进行了验证；Erich Bauer等[16]在提出新的亚塑性本构模型的基础上，对湿化变形进行了分析，认为导致湿化变形的原因主要是土颗粒的浸水软化破碎，而且只有在高应力作用下完成试验，才能得到真实的湿化数据，为本书循环湿化变形提供了新的思路，

Erich Bauer[17]应用风化和对水变形敏感的岩石进行长期的变形和应力松弛试验，发现随着水侵蚀影响土体硬度降低导致坍塌和沉陷，针对此沉陷提出有关压力和相对密度的湿化模型，并对模型进行了验证。

1.2.2 土石坝三轴试验及湿化变形的研究进展

土工试验可以揭示土的受力变形机理，确定土体材料的计算参数，也是验证本构关系理论模型的重要手段。目前，室内研究土的变形特性最常用的是三轴试验，具有易于控制试样排水条件、试样中的应力相对比较明确、能量测孔压等优点，得到了广泛应用和发展。

三轴试验是基于库仑强度理论，在不同固定围压下，对试件施加轴向压力进行剪切直至破坏，以此确定土体抗剪强度参数。张启岳[18]利用大型三轴仪测定砂砾料和堆石料的抗剪强度，试验表明，堆石料的抗剪强度随着侧压力的增加而减小，很好地描述了砂砾料和堆石料的抗剪性能。张嘎等[19]通过大型三轴试验对粗粒土的应力应变进行研究，研究发现，结构面粗糙度、土的力学特性和法向应力等因素对接触面的力学特性具有重要影响。Indraratna 等[20]用三轴试验得出碎石料在剪切过程中体变随应力比增加而增加。姜景山等[21]通过大型三轴试验研究分析了粗粒土的剪胀性、湿化变形、蠕变性，发现体变变化趋势取决于剪胀性和压缩性的大小，若剪胀速率大于压缩速率，则体变先压缩后膨胀，应力-应变曲线为软化型，反之则体变一直是压缩的，应力-应变曲线为硬化型。姜桑桑等[22]通过大型三轴试验，对粗粒料的湿化变形做了进一步研究，得出湿化变形的过程中，体变与轴变呈线性相关，线性斜率与围压呈负相关。现有的研究表明，三轴试验可以有效地反映土石坝材料的力学特性。

湿化效应是1965年郦能惠[23]在研究北京密云水库时首次提出的；湿化效应受多种因素影响，比如土石坝初次蓄水渗流、水位上升、大气降水对坝身的淋湿入渗等[24]，同时，筑坝材料的颗粒破碎率等也会造成大坝蓄水以后的湿化变形。在早期研究土石坝变形的因素中是不考虑湿化的，如 Naylor[25]在对 Balderhead Dam（UK，1967）的应力应变进行分析时，考虑水库蓄水后的大坝应力及应变的变化，只考虑了浮力和心墙上游面所受到的水压力对上游坝壳料的影响，没有考虑粗粒料浸水湿化后应力发生的变化，因此对于大坝的应力应变分析不够全面。Penman[26]在对出现质量问题的大坝进行分析时认为，当建造大坝过程中施工碾压不实或不均匀沉降时会使心墙产生湿缝或者湿陷洞孔，因此大坝出现了不同的病险情况。当 Teton 坝溃坝时，Smalley 等[27]认为大坝在运行的过程中心墙上游面出现湿缝现象，因此造成大坝的水力劈裂而引起溃坝。Pare等[28]专门研究了拉格兰德大坝蓄水后引起坝顶湿陷洞的问题，并没有对粗粒料湿化变形问题进行研究。

近年来的研究表明，湿化变形是不可忽略的因素，粗粒料的湿化变形是当土石坝初次蓄水时，随着库水位的升高，水逐渐向坝体入渗，使土石料浸水后不仅强度降低，而且湿化沉降增大。土石坝的湿化变形会引起坝体内部的沉降、侧移以及引力重发生变化，甚至产生裂缝[29]。大量的工程质量问题可以证明，粗粒料湿化变形影响土石坝的应力重新分布及稳定性。近年来，大批大坝的建成使粗粒料湿化变形成为了专家学者研究的热点课题，因此诞生了许多的理论方法的创新，推动了粗粒料湿化变形的研究进程，举例如下。

（1） Nobari 和 Duncan[30]在对土石坝湿化变形因素进行研究时，通过试验对粗粒料的湿化变形机理进行分析，首先采用双线法测定粗粒料的湿化变形，然后采用 Nobari 和 Duncan 的双曲线模型进行大坝湿化变形分析，通过结果分析对试验方法进行了确定。

（2） Rong 等[31]为了研究粗粒料的湿化因素而引入了应力释放因子，模拟结果与三轴试验结果趋势差不多，说明引入的因子适合土石坝湿化变形研究。

（3） 国内研究学者蒋明镜等[32]提出基于单线法湿化试验得到的双曲线湿化变形模型，并通过粗粒料湿化试验进行了验证。

（4） 张芸芸等[33]为了研究大坝的湿化变形，采用邓肯-张 E－B 模型对沥青心墙坝的湿化变形进行数值分析并得出相关结论。

（5） 董建筑等[34-35]选用改进的邓肯-张模型和沈珠江湿化模型，当大坝蓄水运行时对大坝不同位置的土质直心墙和斜心墙进行湿化变形数值分析，优选出适用于研究湿化变形的本构模型。

（6） 李全明等[36]为了研究粗粒料的湿化变形规律，在进行公式推导时引入了考虑小主应力的湿化变形因素，并结合双曲线面模型对公伯峡面板堆石坝进行湿化分析。

（7） 王富强等[37]针对以前研究人员提出的湿化模型进行了修正，并依据修正的模型对积石峡面板堆石坝的湿化变形进行分析，得到了更加符合湿化变形规律的模型。

（8） 张伟等[38]为了研究防治土石坝的湿化变形工程措施，对积石峡面板堆石坝的湿化变形进行了研究并提出了相应的工程措施，在一定程度上对防止湿化变形提供了科学的依据。

（9） 岑威钧等[39]在对堆石料的湿化变形进行分析时，采用了考虑湿化效应的堆石料 Gudehus－Bauery 亚塑性模型对心墙坝进行数值模拟。

（10） 邹德高等[40]应用西域砾岩砂砾料湿化模型广义塑性模型对某一沥青心墙坝湿化变形进行有限元分析，研究结果符合客观事实。

综上所述，很多专家学者通过湿化模型改进以及工程措施的运用对湿化变形的机理、影响因素及危害进行了大量研究，对工程安全运行提供了技术支持。

近年来国家在建以及规划有一大批高土石坝，如两河口（在建）、古水（规划）、侧仿（规划）、马吉（规划）、茨哈峡（规划）、大石峡（规划）、岗托（规划）、玉龙喀什（规划）、江坪河（在建）等[41]，随着这些工程的开工建设，湿化变形效应将继续成为研究的重点和热点。

1.2.3 云理论的研究进展

客观世界的不确定性是自然界本质特征的客观反映，这说明客观世界的随机性与模糊性是一种真实存在，这种不确定性的概念无法直接用具体数值来表达，所以需要具体媒介将不确定性概念与定量数值联系起来。1995年，云模型理论作为一种新的决策方法被李德毅等[42]首次提出，随后他提出了正态云模型的“3En原则”[43]和不确定性云推理[44]，并在2000年利用云模型实现了定性概念与定量数值的相互转换[45]；邸凯昌等[46]将不确定性云推理引入智能控制中，使它在智能控制领域中得到较好的运用；吕辉军等[47]通过对逆向云的钻研，将提出的逆向云发生器算法进一步修正。杜鹢等[48]在传统数据区间划分的基础上引入云模型，将数据分布良好地展示出来。

云模型理论从首次提出至今，国内外学者将它广泛运用于各个领域，Tassa等[49]基于贝叶斯估计理论，通过将中尺度微物理模型的数值输入到三维辐射传输模型中得到CRD，提出了一种基于云模型的海洋表面降水和云廓线统计检索技术——微波降水检索贝叶斯算法（BAMPR）。周科平等[50]针对岩爆烈度分级的不确定性特点，将云理论与熵权法结合建立岩爆烈度分级预测模型，运用国内外12组典型岩爆工程实例，对熵权-正态云模型进行检验，得出该模型的岩爆判别预测结果与实际岩爆情况吻合度高，表明熵权-正态云模型具有实用性与可行性。金菊良等[51]运用云模型分析了安徽淮北平原5个站点作物蒸散量（ET_0）的时空分布特征，结果表明ET_0时间变化的离散程度相对于空间分布较小，稳定性相近。李琳琳等[52]针对作战指挥控制系统效能评估中存在的不确定性因素，将云理论引入其中，完成定性指标的定量化处理，利用云运算规则将获得的指标云与指标权重相融合得到最终的综合评价云，为不确定性效能评估提供了新的解决思路。同时，云模型理论在水利方面的应用也得到了进一步的推广，付成华等[53]针对土石坝老化病害过程中的不确定性，将AHP与云理论结合构建云模型标度准则并确定特征参数，对加固前后的水库大坝老化病害风险程度进行定量评价，为水库的除险加固奠定了基础。张涛[54]提出了一种基于组合赋权和正态云耦合的安全评价模型用于大坝安全评价，将该模型与工程实例结合，可以得出准确的结果，表明该方法具有效性与可靠性。唐斌斌等[55]选取土石坝12个因子建立开挖边坡稳定性的评价指标体系，使用云模型与组合赋权相结合的方法获取各指标的云模型参数，通过建立的组合赋权-云模型评价方法对土石坝渗流安全风险情况进行了评估。

1.2.4 反演分析的研究进展

反演分析是一种结合计算机分析且需要实地测量的分析方法，与正分析法思路相反，反演分析法是对工程现场反映土体力学行为的物理数据进行量测，并依据材料本身的结构关系，通过数值计算确定本构模型以及模型各项参数[56]。

Kavaragh 等[57]在 1976 年率先提出了基于实测的岩体位移值来反算得到岩体弹性模量；Lee 等[58]采用原始的地下通道的破坏资料为训练样本库运用神经网络来预测地下通道可能存在的破坏模式，并以此为依据通过反演计算得到设计时所需要的主要参数。Grima 等[59]根据岩石的孔隙率、密度、粒径和岩石的类型，运用神经网络来反演岩石的抗压强度，并且用花岗岩和砂岩验证了反演结果的可靠性。Sankar 等[60]将神经网络用于地震波参数的反演中，并分别与遗传算法、神经网络和模拟退火算法反演结果进行了对比分析。Liang 等[61]为了研究地下洞室分层围岩的力学参数，将改进的模糊自适应方法与神经网络结合，为地下洞室工程岩体参数的识别提供了一种快速有效的方法。Saito 等[62]针对 2011 年日本大地震的海啸的真实记录，对海啸进行离散模拟的仿真分析，通过对波形的反演分析，估算了海啸初始浪高分布。邓建辉等[63]针对三维形态的滑坡在主滑方向的变化大的问题，对基于临界状态假定的二维反演分析方法进行改进，提出了一种基于强度折减概念的滑带土抗剪强度参数反演分析方法，通过应用于洪家渡水电站塌滑体的计算，验证了该方法的可应用性。朱泽奇等[64]为了研究大岗山电站地下厂房开挖施工过程围岩参数的动态反演规律，将正交设计、最小二乘支持向量机（LSSVM）与粒子群优化算法（PSO）相结合建立了考虑围岩开挖损伤效应的动态反演分析方法。姜照容等[65]采用 BP 神经网络方法对金川水电站泄洪洞倾斜变形岩层的强度参数进行反演分析，将安全系数和黏聚力、内摩擦角分别作为神经网络的输入和输出，运用 BP 神经网络与极限平衡法相结合的方法，与有限元强度折减法进行对比分析，结果表明两种方法计算结果吻合程度高。柏俊磊[66]针对某水电站进水口边坡岩体变形问题，以正交设计为基础，将施工工况下规范规定的最低安全系数作为反演目标，运用极限平衡理论和方法对变形体岩体强度参数进行了反演分析。龚颖等[67]针对天然气井场滑坡问题，运用瑞典条分法对滑坡稳定性进行反演分析，从而提出了与实际工程相适应的施工方案。

对于土石坝材料本构模型参数的反演分析，国内外学者做了大量的研究，运用建立的计算模型进行计算模拟，并采用相关算法对参数进行反演分析。但是，土石坝材料存在较多的不确定性因素，这就使得模型参数为模糊性与随机性的结合体。因此，在对本构模型参数进行不确定性反演分析时，应充分考虑其存在的随机性以及模糊性，运用云理论算法进行反演分析具有明显的优势。

1.3 本书主要内容

本书以土石坝粗粒料三轴试验和湿化变形试验为基础，确定了邓肯-张 E－ν 模型、P－Z 模型的基本力学参数，建立了土石坝材料湿化变形计算模型；从土石坝材料的不确定性，本构模型参数的模糊性、随机性，以及模型参数的反演分析入手，以邓肯-张 E－ν 模型为计算基础，建立了土石坝材料不确定性云推理反演计算模型，最后将模型应用于实际工程中。具体来说主要包括以下几个部分：

（1）设计了粗粒料三轴试验和湿化变形试验，研究了粗粒料的力学性能、变形机理；根据试验成果对邓肯-张 E－ν 模型参数进行了拟合，并应用有限元法对试验过程进行了模拟，建立了湿化变形计算模型。

（2）引入了基于广义塑性力学理论 P－Z 模型，根据试验成果拟合计算参数，应用 EMD 分解法和云理论模型对模型相关参数进行修正，建立基于 P－Z 模型的土石坝材料湿化变形计算模型。

（3）以土石坝工程中存在的各种不确定性为基础，深入研究三轴剪切试验所计算出的本构模型参数存在的模糊性与随机性，引入云理论，应用有限元方法进行有限元建模，通过对三轴剪切试验数据的整理分析，确定不确定性推理规则前件，建立云推理模型，进行了 E－ν 模型参数的反演研究。

（4）将建立的基于邓肯-张 E－ν 模型和 P－Z 模型的湿化变形计算模型应用到实际工程中，研究土石坝考虑湿化变形的应力应变，为保障土石坝安全运行提供技术支持。

本章参考文献

[1] 王晓松，李宝珠. 世界高土石坝发展综述 [J]. 黑龙江大学工程学报，1995 (3)：16－19.

[2] 苏放旺. 水库土石坝加固工程中防渗墙的施工管理 [J]. 绿色科技，2018 (18)：167－169.

[3] 袁洪昆. 浅论病险水库地质勘察与病害成因 [J]. 四川水泥，2018 (5)：95，104.

[4] 贾建军. 水库大坝安全监测中存在的问题及对策 [J]. 中国水运，2019 (9)：117－118.

[5] DUNCAN J M，CHANG C Y. Nonlinear analysis of stress and strain in soils [J]. Journal of the Soil Mechanics and Foundations Division，ASCE，1970，96 (5)：1629－1653.

[6] 孙明权，刘运红，贺懋茂. 非线性 K－G 模型对胶凝砂砾石材料的适应性 [J]. 人民黄河，2013 (7)：96－98，101.

[7] DRUCKER D C，PRAGER W. Soil mechanics and plastic analysis or limit design [J]. Quarterly of applied mathematics，1952，10 (2)：157－165.

[8] SCHOFIELD A, WROTH P. Critical state soil mechanics [M]. London: McGraw - Hill, 1968.

[9] 沈珠江. 土体结构性的数学模型——21世纪土力学的核心问题 [J]. 岩土工程学报, 1996, 18 (1): 95 - 97.

[10] PASTOR M, ZIENKIEWICZ O C, LEUNG K H. Simple model for transient soil loading in earthquake analysis. Ⅱ. Non - associative models for sands [J]. International Journal for Numerical and Analytical Methods in Geomechanics, 2010, 9 (5): 477 - 498.

[11] 何亮, 李国英, 李雄威. 考虑临界状态的堆石料广义塑性本构模型 [J]. 水电能源科学, 2019, 37 (5): 95 - 97, 102.

[12] 董国庆, 何亮. 基于广义塑性模型的高面板堆石坝应力变形数值模拟 [J]. 人民黄河, 2019, 41 (5): 118 - 120, 125.

[13] 卞士海, 李国英, 魏匡民, 等. 堆石料广义塑性模型研究 [J]. 岩土工程学报, 2017, 39 (6): 996 - 1003.

[14] Heidarzadeh H, Oliaei M. Development of a generalized model using a new plastic modulus based on bounding surface plasticity [J]. Acta Geotechnica, 2018, 13 (04): 925 - 941.

[15] FU Zhongzhi, CHEN Shengshui, WEI Kuangmin. A generalized plasticity model for the stress - strain and creep behavior of rockfill materials [J]. Science China Technological Sciences, 2019, 62 (4): 649 - 664.

[16] ERICH Bauer, FU Zhongzhi, LIU Sihong. Hypoplastic constitutive modeling of wetting deformation of weathered rockfill materials [J]. Frontiers of Architecture and Civil Engineering in China, 2010, 3 (4): 78 - 91.

[17] ERICH Bauer. Constitutive Modelling of Wetting Deformation of Rockfill Materials [J]. International Journal of Civil Engineering, 2019, 17 (4): 481 - 486.

[18] 张启岳. 用大型三轴仪测定砂砾料和堆石料的抗剪强度 [J]. 水利水运科学研究, 1980 (1): 26 - 40.

[19] 张嘎, 张建民. 粗粒土与结构接触面单调力学特性的试验研究 [J]. 岩土工程学报, 2004 (1): 21 - 25.

[20] INDRARATNA B, IONESCU D, CHRISTIE H D. Shear Behavior of Railway Ballast Based on Large - Scale Triaxial Tests [J]. Journal of Geotechnical & Geoenvironmental Engineering, 1998, 124 (5): 439 - 449.

[21] 姜景山, 程展林, 左永振, 等. 粗粒土剪胀性大型三轴试验研究 [J]. 岩土力学, 2014, 35 (11): 3129 - 3138.

[22] 姜燊燊, 迟世春. 粗粒料的湿化变形三轴试验研究 [J]. 水利与建筑工程学报, 2020, 18 (2): 137 - 141, 163.

[23] 郦能惠. 密云水库走马庄副坝裂缝原因分析 [R]. 北京: 清华大学, 1965.

[24] 赵剑剑. 土石混合料的渗水湿化对高填方体变形的影响研究 [D]. 重庆: 重庆大学, 2015.

[25] NAYLOR D J. Static analysis of Embankment dams; a finite element erspective [J]. Dam Engieering, 1990, 11 (2): 79 - 99.

[26] PENMAN A D M. On the embankment dam [J]. Geotechnique, 1986, 36 (3): 215 - 262.

[27] SMALLEY I J, DIJKSTRA T A. The Teton Dam (Idaho, U. S. A.) failure: problems

with the use of loess material in earth dam structures [J]. Engineering Geology, 1991, 31 (2): 197 - 203.

[28] PARE J J, VERMA N S, KEIRA H M S, et al. Stress - deformation predictions for LG4 main dam [J]. Canadian Geotechnical Journal, 1984, 21 (2): 213 - 222.

[29] 温彦锋，张延亿. 堆石料的长期变形特性研究 [J]. 水利水电技术，2019，50 (8)：84 - 95.

[30] NOBARI E S, DUNCAN J M. Movements in Dams Due to Reservior Filling [C] //Performance of Earth and Earth - Supported Stuctures. ASCE, 2014.

[31] RONG Xiaoyang, YANG TianHong, WANG Peitao, et al. Dynamic Triaxial Test Research of Stage Change of Cohesive Soil [J]. Applied Mechanics & Materials, 2013, 353 - 356, 937 - 940.

[32] 蒋明镜，沈珠江，赵魁芝，等. 结构性黄土湿陷性指标室内测定方法的探讨 [J]. 水利水运工程学报，1999 (1)：65 - 71.

[33] 张芸芸，陈尧隆，吕琦，等. 沥青混凝土心墙坝的应力及变形特性 [J]. 水资源与水工程学报，2009 (3)：87 - 90.

[34] 董建筑. 土坝浸水变形分析的增量有限元法及其应用 [J]. 电网与清洁能源，2003，19 (4)：31.

[35] 董建筑，王瑞骏. 黑河水库初次蓄水大坝湿化变形有限元分析 [J]. 水资源与水工程学报，2004 (1)：71 - 73.

[36] 李全明，于玉贞，张丙印，等. 黄河公伯峡面板堆石坝三维湿化变形分析 [J]. 水力发电学报，2005，24 (3)：24 - 29.

[37] 王富强，郑瑞华，张嘎，等. 积石峡面板堆石坝湿化变形分析 [J]. 水力发电学报，2009 (2)：58 - 62.

[38] 张伟，雷艳，蔡新合，等. 积石峡水电站面板堆石坝湿化变形控制研究 [J]. 人民黄河，2014 (3)：126 - 128.

[39] 岑威钧，Erich Bauer，Sendy F. Tantono. 考虑湿化效应的堆石料 Gudehus - Bauer 亚塑性模型应用研究 [J]. 岩土力学，2009，30 (12)：3808 - 3812.

[40] 邹德高，杨小龙，刘京茂，等. 西域砾岩砂砾料沥青混凝土心墙坝湿化变形数值分析 [J]. 大连理工大学学报，2015，55 (6)：50 - 56.

[41] 王柏乐，刘瑛珍，吴鹤鹤. 中国土石坝工程建设新进展 [J]. 水力发电，2005 (1)：63 - 65.

[42] 李德毅，孟海军，史雪梅. 隶属云和隶属云发生器 [J]. 计算机研究与发展，1995 (6)：15 - 20.

[43] LI Deyi. Knowledge representation in KDD based on linguistic atoms [J]. Journal of Computer Science and Technology, 1997 (6): 481 - 496.

[44] LI Deyi, LIU Changyu, LIU Luying. Study on the Universality of the Normal Cloud Model [J]. Engineering Science, 2005 (2): 18 - 24.

[45] 李德毅. 知识表示中的不确定性 [J]. 中国工程科学，2000，2 (10)：73 - 79.

[46] 邸凯昌，李德毅. 云理论及其在空间数据发掘和知识发展中的应用 [J]. 中国图像图形学报：A 辑，1999，4 (11)：930 - 935.

[47] 吕辉军，王晔，李德毅，等. 逆向云在定性评价中的应用 [J]. 计算机学报，2003 (8)：1009 - 1014.

[48] 杜鹢，藏海霞. 数据库中标准加权关联规则挖掘算法 [J]. 解放军理工大学学报（自然

科学版），2001，2（2）：9－12.

[49] TASSA A，MICHELE S D，Mugnai A，et al. Cloud－model based Bayesian technique for precipitation profile retrieval from TRMM Microwave Imager [J]. Radio Science，2016（4）：38－40.

[50] 周科平，林允，胡建华，等. 基于熵权-正态云模型的岩爆烈度分级预测研究 [J]. 岩土力学，2016（S1）：596－602.

[51] 金菊良，宋占智，蒋尚明，等. 基于云模型的淮北平原参考作物蒸散量时空分布 [J]. 南水北调与水利科技，2017，15（1）：25－32.

[52] 李琳琳，路云飞，张壮，等. 基于云模型的指挥控制系统效能评估 [J]. 系统工程与电子技术，2018，40（4）：815－822.

[53] 付成华，杜修娟，赵川. 基于 AHP-云模型的土石坝老化病害风险评价 [J]. 西华大学学报（自然科学版），2016，35（5）：46－51.

[54] 张涛. 大坝工作性态安全评估模糊云模型及其应用 [J]. 水力发电，2017，43（5）：112－118.

[55] 唐斌斌，吴枫，夏雪峰，等. 基于组合赋权-云模型土石坝渗流安全风险模糊综合评价 [J]. 水利规划与设计，2019，183（1）：119－121.

[56] 龚晓南，高有潮. 深基坑工程设计施工手册 [M]. 北京：中国建筑工业出版社，1998.

[57] KAVARAGH K，CLOUGH R. Finite elecment application in the characteringation of elastic solid [J]. Int JSolids Shuctures，1972，7：11－23.

[58] LEE C，STERLING R. Identifying probable failure modes for underground openings using a neural network [J]. International Journal of Rock Mechanics & Mining Sciences & Geocmechanics Abstracts，1992，29（1）：49－67.

[59] GRIMA F M A. Application of neural networks for the prediction of the unconfined cocmpressive strength（UCS）from Equotip hardness [J]. International Journal of Rock Mechanics and Mining Science，1999，36（1）：29－39.

[60] SANKAR，KUMAR，NATH，et al. Velocity inversion in cross－hole seiscmic tomography bycounter－propagation neural network，genetic algorithcmand evolutionary programming techniques [J]. Geophysical Journal International，1999，138（1）：108－124.

[61] LIANG Y C，FENG D P，LIU G R，et al. Neural identification of rock paracmeters using fuzzy adaptive learning paracmeters [J]. Computers & Structures，2003，81（24/25）：2373－2382.

[62] SAITO T，ITO Y，INAZU D，et al. Tsunacmi source of the 2011 Tohoku－Oki earthquake，Japan：Inversion analysis based on dispersive tsunacmi sicmulations [J]. Geophysical res lett，2011，38（7）：1－5.

[63] 邓建辉，魏进兵，闵弘. 基于强度折减概念的滑坡稳定性三维分析方法：滑带土抗剪强度参数反演分析 [J]. 岩土力学，2003（6）：896－900.

[64] 朱泽奇，付晓东，盛谦，等. 大岗山电站地下厂房围岩开挖损伤动态反演分析 [J]. 人民长江，2012，43（22）：54－56，64.

[65] 姜照容，王乐华. BP 神经网络在卸荷岩体强度参数反演中的应用 [J]. 人民黄河，2014，36（1）：109－110，114.

[66] 柏俊磊. 基于正交试验设计的边坡变形体强度参数反演分析 [J]. 西北水电，2018 (5)：88-91，95.

[67] 龚颖，刘铁军，张建同. 基于瑞典条分法的滑坡稳定性反演分析及评价 [J]. 建筑施工，2019，41 (1)：168-172.

第2章 土石坝材料变形试验

2.1 常规三轴试验

2.1.1 试验方法及原理

试验选取河南某大坝的筑坝粗粒料进行常规三轴试验，由于现场的筑坝粗粒料过大，不适合在试验室完成试验，本章根据相似类比法和等效替代法对粗粒料的比例级配进行缩小；振捣频率、试样密实程度和装样也有相应的要求，本次试验依据规范进行操作；本次试验选取200kPa、400kPa、600kPa（仪器的允许安全阈值）的围压对试样进行剪切，粗粒料轴向应变压缩到15%时，视为破坏。

2.1.2 试验选材及材料级配

粗粒料的定义就是将无黏性土进行混合，由块石、碎石、石屑、石粉等粗颗粒单独或者混合而成，或者是黏性土中含有大量粗粒料组合而成[1]。粗粒料广泛存在于自然界中，并且容易获得，具有压实特性比较好、透水性能强、密度大、抗剪强度高、沉降量较小、承载能力高等工程特性，因此其作为一种工程填方用料在工程建设过程中得到了广泛的应用[2]。例如应用于修筑土石坝、铁路路基、桥梁墩台及处理软弱地基碎石桩等[3]。本章采用河南某在建水库的破碎粗粒料进行常规三轴试验，试验粗粒料直径为5～50mm，下面将本次使用某水库的粗粒料进行物理指标的测定。

根据《土工试验规程》（SL 237—1999）采用相似类比法和等效替代法[4]对粗粒料进行配比，即先将筑坝的粗粒料尺寸按适当的比尺缩小（根据原级配曲线的粒径分别按照几何相似条件等比例地将原样粒径缩小至仪器允许的粒径缩小后的土样级配应保持均匀系数不变），小于5mm的颗粒不超过30%，若仍有超粒径颗粒用等量替代法制样。

（1）相似级配法配置粒径：

$$d_{ni}=\frac{d_{oi}}{n} \tag{2.1}$$

式中：d_{ni}为原级配某粒径缩小后的粒径，mm；d_{oi}为原级配某粒径，mm；n为粒径缩小倍数。

（2）等量替代法配置粒径公式：

$$p_i=\frac{p_{oi}}{p_5-p_{dmax}}\times p_5 \tag{2.2}$$

式中：p_i 为替代后粗粒料含量，%；p_{oi} 为原级配粗粒料含量，%；p_5 为大于5mm粒径土的含量，%；p_{dmax}为超粒径颗粒含量，%。

各粒径组含量见表2.1。粗粒料原始级配和试验级配曲线如图2.1所示。

表2.1 各粒径组含量

粒径组/mm	50～40	40～30	30～20	20～10	10～5	5
含量/%	16.6	11.8	18.9	23.8	18.9	10

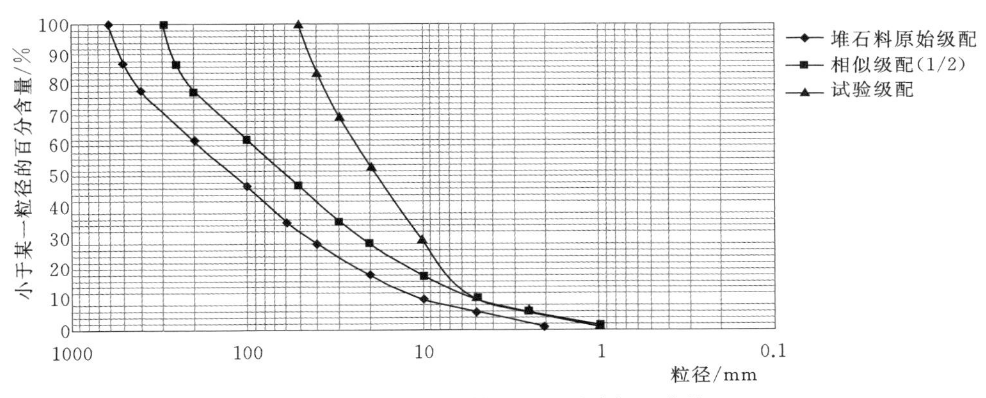

图2.1 粗粒料原始级配和试验级配曲线

2.1.3 粗粒料物理指标测定

2.1.3.1 粗粒料相对密度试验

相对密度是指土在无黏性及最松的状态下的孔隙比与天然孔隙比之差数值和土的最松状态孔隙比与最紧孔隙比之差值的比值[5]。本次试验粗粒料的粒径范围为5～50mm，试验装置由振动台、试样筒、加重盖板等组成，根据《土工试验规程》（SL 237—1999）测试土的相对密度试验操作规范进行操作，根据允许试验最大粒径值，选定的试样筒为内径30cm，本次试验选用圆形盖板，通过固定体积法测定最小干密度；对于粗粒料的最大干密度采取干法进行测定（将装好试样的试样筒平放到振动台上，将盖板放到土样上，将振动台调至最理想的振幅0.64mm，震动8min），由于振动幅度比较大，因此需要两个人扶着试样筒才能完成试验，当试验结束时将盖重去掉，测量试样高度，计算试样体积。

粗粒料相对密度测试操作如图2.2所示。

图 2.2　粗粒料相对密度测试操作

最小干密度的计算公式：

$$\rho_{dmin}=\frac{m_d}{V_c} \tag{2.3}$$

最大干密度的计算公式：

$$\rho_{dmax}=\frac{m_d}{V_s} \tag{2.4}$$

式中：m_d 为干土质量，kg；V_c 为试样筒的体积，cm^3；V_s 为试样体积，cm^3。

按式（2.5）和式（2.6）计算相对密度 D_r：

$$D_r=\frac{\rho_{dmax}(\rho_{d0}-\rho_{dmin})}{\rho_{d0}(\rho_{dmax}-\rho_{dmin})} \tag{2.5}$$

$$D_r=\frac{e_{max}-e_0}{e_{max}-e_{min}} \tag{2.6}$$

式中：D_r 为相对密度；ρ_{d0} 为天然状态或人工振捣状态下的干密度，g/cm^3；ρ_{dmax}为最大干密度，g/cm^3；ρ_{dmin}为最小干密度，g/cm^3；e_{max}为最大孔隙比；e_{min}为最小孔隙比；e_0 为天然或填筑孔隙比。

根据表 2.2 可求得材料平均最大干密度、最小干密度及相对密度，计算结果统计见表 2.3。

表 2.2　　试验数据统计

振捣次数	质量/kg	下降深度/mm	最大干密度 ρ_{dmax}/(kg/m³)	最小干密度 ρ_{dmin}/(kg/m³)	天然干密度 ρ_{d0}/(kg/m³)	相对密度 D_r
一次	32.3	60	1.72×10^3	1.38×10^3	2.01×10^3	0.64
二次	32.3	70	1.80×10^3	1.38×10^3		0.54
三次	33.2	60	1.78×10^3	1.42×10^3		0.5

表 2.3　　计算结果统计

最大干密度 ρ_{dmax}/(kg/m³)	最小干密度 ρ_{dmin}/(kg/m³)	相对密度 D_r
1.77×10^3	1.39×10^3	0.56

2.1.3.2 堆石料黏聚力与摩擦角测定

粗粒料的黏聚力和摩擦角的测定通过常规三轴试验原理测出[6]，将粗粒料试样按照《土工试验规程》（SL 237—1999）中的粗颗粒三轴压缩进行试验，试验步骤如下。

（1）制订3个相同级配的试样，设定好用于试验的围压，按照0.5%min的剪切速率进行剪切至轴向变形的15%，每一个剪切试验在相同的条件下进行3次，并对试验结果进行保存。

（2）计算系统依据库仑强度理论制定抗剪强度参数推导程序，求出3个不同摩尔应力圆和1条包络线，根据所求的截距和斜率得出试验材料的黏聚力与摩擦角；根据张宇奇等在张峰水库粗粒料三轴湿化试验研究提出：绘制不同的莫尔应力圆，黏聚力和内摩擦角随着应力水平的提高而增大，其差距非常小，因此在工程实例中不需要对粗粒料强度指标进行再次测定。

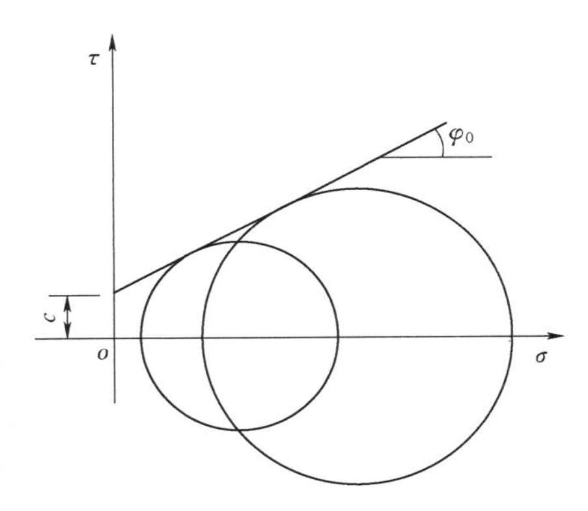

图2.3 粗粒料摩擦角和黏聚力关系

（3）根据操作规范，本章测出了相应的试验粗粒料的黏聚力和摩擦角，结果如图2.3和图2.4所示，与两个莫尔应力圆相切的直线与 y 轴的截距是黏聚力，φ_0 是摩擦角。

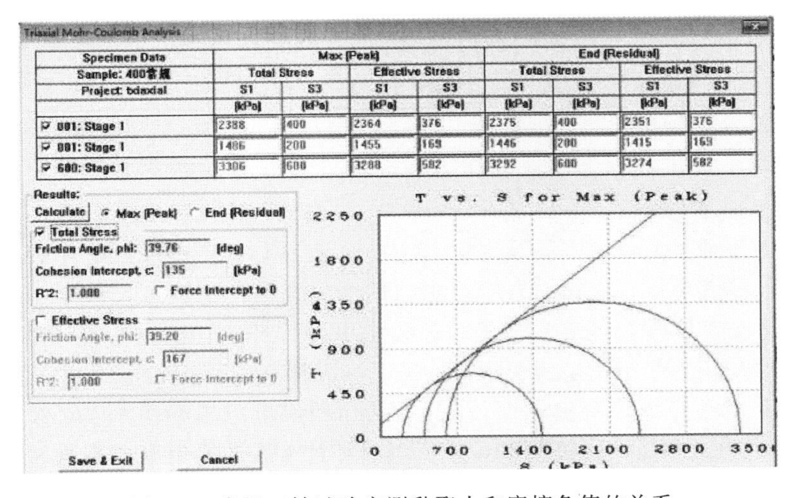

Specimen Data	Max (Peak)				End (Residual)			
Sample: 400常规	Total Stress		Effective Stress		Total Stress		Effective Stress	
Project: txtriaxial	S1	S3	S1	S3	S1	S3	S1	S3
	(kPa)	(kPa)	(kPa)	(kPa)	(kPa)	(kPa)	(kPa)	(kPa)
001: Stage 1	2388	400	2364	376	2375	400	2351	376
001: Stage 1	1486	200	1455	169	1446	200	1415	169
600: Stage 1	3306	600	3288	582	3292	600	3274	582

图2.4 常规三轴试验实测黏聚力和摩擦角值的关系

根据常规三轴试验得出的莫尔应力圆以及包络线，试验规程规定 3 个不同的围压在相同的轴向变形下能求出材料的摩擦角和黏聚力，所以根据试验结果求得材料的摩擦角 $\varphi_0=1.35°$；黏聚力 $c=39.76\text{kPa}$，符合粗粒料的强度指标取值范围。

2.1.3.3　粗粒料剪切强度分析

在每个围压下，每个试样剪切到设定的轴向应变值时系统都可以根据剪切结果画出莫尔应力圆，根据相应的莫尔应力圆得出摩擦角，并分析材料的剪切强度[7]。而在 3 个围压下 3 个试样剪切至轴向应变的 15% 就可以得到试样的摩擦角和黏聚力。根据公式 $\varphi=\varphi_0-\Delta\varphi\lg(\sigma_3/P_a)$ 以及各个围压下的最大摩擦角和 $\lg(\sigma_3/P_a)$ 数值绘制关系图，如图 2.5 所示。

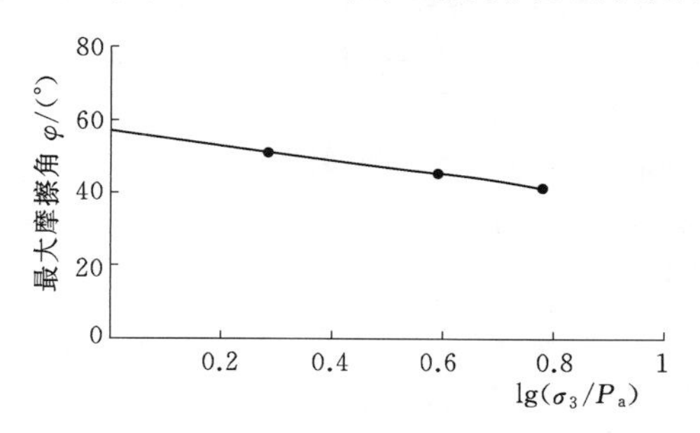

图 2.5　$\lg(\sigma_3/P_a)$ 与最大摩擦角的关系曲线

由图 2.5 可知，随着围压的增大，摩擦角在减小，说明粗粒料的剪切强度在下降。在同一种材料和不同的围压下，不同的 $\lg(\sigma_3/P_a)$ 值与最大摩擦角基本成线性相关。

2.1.4　试验设备及界面操作

2.1.4.1　试验设备介绍

美国杰森特公司开发的 STX－600 大型试样循环三轴试验系统被用于大尺寸试样的三轴试验，本次试验机使用的是 LDCTTS 系统，试验机可以做 3 个方面的试验，分别为静三轴、动三轴以及其他 GDS 系统能提供的试验。通过运行 GDSLAB 软件的相关试验模块，GDSLDCT 在 PC 控制下可以进行应力路径、低频循环、动三轴以及 K_0 试验等几个模块的试验。试验主要装置包括四部分，分别是围压、反压控制器，三轴压力室，信号处理器，以及动力系统。试验主要装置如图 2.6 所示。

围压、反压控制器是系统输出压力的中转装置，空压机通过这个装置为压力仓提供大气压和负压，也可以通过装置上的 3 个量筒向试样底部注水，如果在试验过程中，试样出现漏气现象，试验过程中可以打开手动输压装置，通过手动加压使输出水的压力大于设定的围压，这样可将水通过透水板输入到试样底部。

轴向位移传感器，根据轴向压缩杆对试样的加压情况产生的位移通过传感器以数字的形式传入计算机的系统里，对试样的轴向位移和应变进行分析。

压力仓为试样提供围压提供了保证，根据设备设定的安全值，当试验围压超过 250kPa 时，需要向压力仓里面注水，通过底座接入自来水，通过自来水的

图 2.6　试验主要装置

1—围压、反压控制器；2—轴向位移传感器；3—压力仓；4—工作台；5—控制阀；
6—微型处理器；7—计算机；8—非饱和土测试系统；9—传动杆

压力将水加到气压仓里面，此时压力仓里不加围压，否则当试验设定的围压超过 250kPa，就会有爆缸的危险，危及试验人员的生命安全。

工作台为设备提供工作平台。

控制阀可以向试样底部输水，也可以将试样的水从顶部排出，当试验过程中，围压超过安全值时，试验通过控制阀向压力仓内部输水，控制阀共有 3 个。

SCON-2000 内置 850MHz 的微型处理器，拥有 64MB RAM 和 64/128MB 的硬盘存储器，系统用的是 CATS 软件，这个软件有一套完整和自包含的模块，囊括函数自动生成程序、数据采集和数字化的输入/输出单位等功能。

计算机为程序的设定和执行发出命令。

非饱和土测试系统，用于非饱和土时固结。

传动杆为荷载架提供 300kN 的轴向力，三轴压力室可以承受 1MPa 的压力，试样直径有 70mm、100mm、150mm 和 300mm 可选。

图 2.7 为液压站，为横向作动器和荷载架横梁提升装置提供动力源，有低压和高压两种工作模式，一般采用低压模式。根据计算机设置，向上的位移量为负值，向下为正。在试验过程中，当将压力仓移到工作台面时，需要升高轴向作动器，当压力仓上面的接触探头对准轴向作动器的金属杆时，试验过程中轻轻微调位移，观察轴向荷载是否发生变化，如果有很小的值，如 0.1kN，那么两个接头已经接触上了，注意试验过程中接触以后不能再将作动器上的力归

零，否则影响测量值的精确度。

图 2.8 为空压机，为压力缸提供负压和空气围压。工作原理为：手动打开空压机，空压机会运行到安全的压力值再输出设定的气压，在设备操作过程中，空压机加到安全值时，当空压机不再运行时再输出压力；在电脑上输入围压值时，应该一级一级地向上加压，试验以 50kPa 为一级逐步输压，如果加压的值过大，系统就会出现报警提示，压力缸就会处于泄压状态；当空压机的压力值不够输出时，空压机会自动运行自行加压。

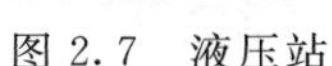
图 2.7　液压站

图 2.8　空压机

2.1.4.2　软件系统界面操作

系统初始操作界面如图 2.9 所示。在系统操作页面中单击“Digital Outputs”数字输出按钮，如图 2.10 所示。按钮“Automatic Ball Valve”为压力的输出顺利提供保证，单击“Lift Power”数字按钮，使横梁提升装置和压力室滑动控制器的绿灯亮起，将“Cell Slide”压力室滑动控制开关移向“On”，在此命令的基础上压力缸将在底部空气的作用下向上慢慢浮起，然后去掉压力室和电动葫芦连接的链条，将压力室推向荷载架加载杆的正下方。

设定轴向位移的操作界面如图 2.11 所示，设定响应力的操作界面如图 2.12 所示。当试验围压较低时，可以用压缩机提供的空气作为围压（最大阈值为 250kPa），如果超过 250kPa 时建议对压力缸内注满水再施加围压，然后按接触试样并连接加载杆。如图 2.11 所示慢慢单击圆框内的向下箭头，使轴向作动器慢慢下降与加载杆接近；如图 2.12 所示的圆框内，输入一个很小的接触应力（如 5kPa），然后回车，荷载传感器会自动与加载杆接触，并施加 5kPa 的接触应力。设定围压的操作界面如图 2.13 所示。

命名需要测试程序的名称，然后单击“New”输出按钮选择试验类型，根据试验需求选取静荷载，然后单击“OK”图标；选择关于试验的测试程序类型后，就设置相关的测试试验参数，单击“OK”进行保存；设置好相应的测试参数，再单击“Save Objects”保存设定好的试验条件；打开设定好的试验条件的操作界面如图 2.14 所示；当弹出“保存什么样的试验数据”窗口时，根据试验

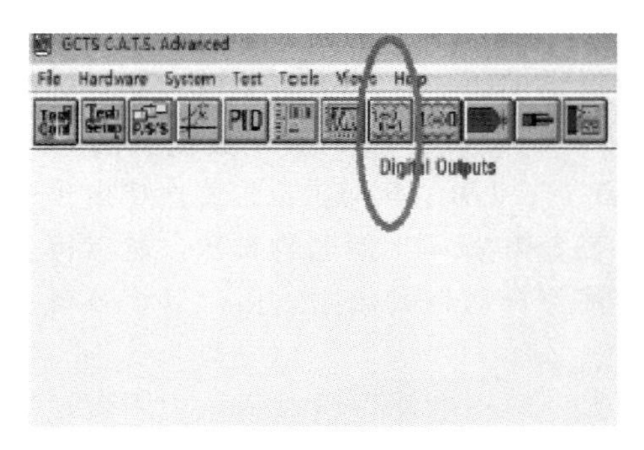

图 2.9　系统初始操作界面

Digital Outputs Control

#	Digital Outputs	Status	Control
DO-1:	Axial Solenoid		On/Off
DO-2:	Automatic Ball Valve		On/Off
DO-3:	Lift Power		On/Off
DO-4:	Digital Output 4		On/Off
DO-5:	Digital Output 5		On/Off
DO-6:	Digital Output 6		On/Off
DO-7:	Digital Output 7		On/Off
DO-8:	Digital Output 8		On/Off

Reset Digital Chip(s)

图 2.10　数字输出

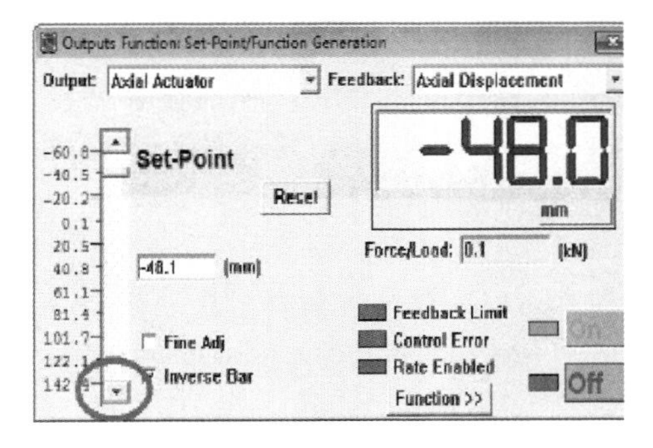

图 2.11　设定轴向位移

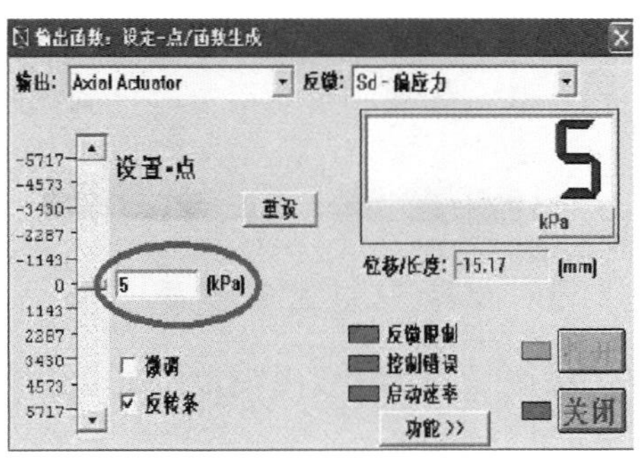

图 2.12　设定响应力

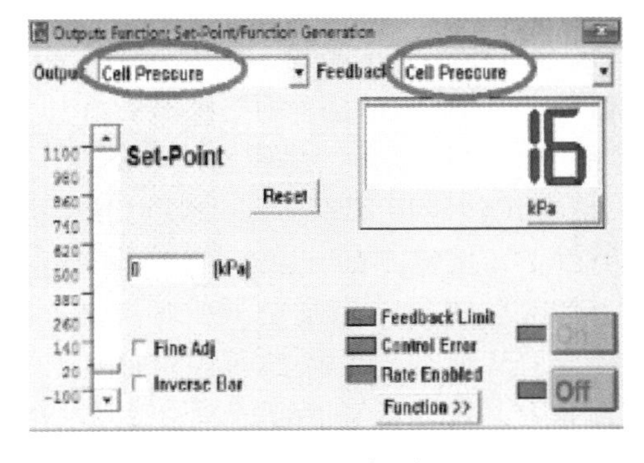

图 2.13　设定围压

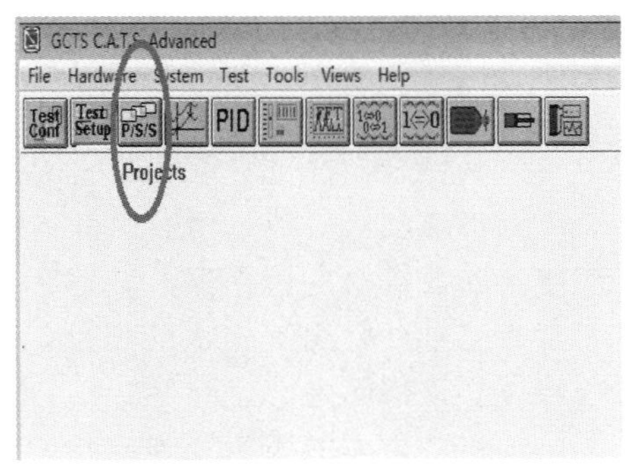

图 2.14　打开设定的试验条件

需求进行选取，再保存关闭；最后进行项目、试样、试件信息的设定，并且运行测试；进行试验时，需要单击“New”新建一个项目名，再编辑试验样本编号；当运行程序时，双击已经新建的项目名称，进入项目试样的设置，输入试样的编号，试样直径和试样高度后，单击“OK”，在弹出的对话框中，选择已经编辑好的测试程序，单击“执行”，试验开始之前的阶段已经让荷载与试样接触好了，然后单击“Skip”按钮，在下一阶段的试验操作中，选择性地忽略当前全部变形，然后将有数值的读数归零（试验前会忽略试样的变形，并将轴向位移传感器清零），再单击“OK”按钮；当动态试验结束后，数据会自动从SCON系统中下载到用户电脑上，数据下载完后，单击“关闭”；在选择做试验的试件编号“1. trx”后再输出，会有保存路径和输入文件名的显示，然后再保存；当输出目标中有想要的保存数据，勾选保存，完成数据输出以后，就可以用Word或者Excel打开。

当试验结束时需要关闭轴向作动器，在“输出功能”的对话框中，输出选择为“Axial Actuator”按钮时，反馈选择为“Sd -偏应力”，在命令输入框中输入一个接近于0的值，此时用手顺时针旋转横向加载杆与荷载传感器之间的连接器；让其完全脱开套筒的连接；将反馈选择改为“Axial Displacement”，等轴向作动器和荷载杆完全脱离时，轴向作动器就停止向上移动，轴向作动器停止工作；关闭液压站，在CATS程序中关闭SCON退出CATS软件，计算机关机，完成测试。

2.1.5 常规三轴试验结果分析

按照《土工试验规程》（SL 237—1999）试样制备标准，将试样进行制备，具体步骤如下：

（1）根据粗粒料级配比例缩尺，配好粗粒料，用小铲分6次均匀地将拌好的粗粒料放进套有两层乳胶膜的成膜筒里面，然后放在振动台上进行振捣，至试样制成。

（2）制好的试样平稳地放到试验台底座上，为了让试样和粗粒料更好地贴合，打开真空泵，通过管道输送使试样和粗粒料更加贴合，过程大约5min。

（3）将成膜筒去掉，用螺栓将试样与底座固定，为了不破坏底部的透水石，在底座上安放透水的圆形贴片，起到保护作用，根据不同试验类型放不同的压重，常规三轴试验用不透水的压重，做湿化试验用透水的压重，放好压重，用螺栓将试样顶部固定。

（4）将装试样的压力仓推到传力轴的下方，对好位置，这时启动荷载传感器，低压就可以满足要求，让荷载传感器的触头与加载杆接触，在接触之前将轴向荷载值清零，荷载传感器慢慢向下移动，当出现力时停止加载，用套筒将荷载传感器接触头与加载杆固定好。

(5) 检查控制柜的围压开关是否打开，将通气管的另一端与压力仓连接固定牢，然后加围压，试验以50kPa为梯度向上加压，直接加到试验需要的围压时就会出现重置现象，空压机无法提供足够的压力。

(6) 围压加载完毕以后，试验过程中设定程序，以0.5%/min的速率进行试验，进行到15%的轴向变形量时系统自动终止试验，选择静荷载进行加载，每秒记录一次试样形变量。

(7) 试验结束，将试验数据保存，根据先加载后卸载的原则，试验过程中先将轴向荷载去除，然后将围压去除，将压力仓移出，试样拆除，清理工作台，常规三轴试验结束。

2.1.5.1 试验操作总结

在试验过程中很多情况会影响试验的结果，下面对试验失败的原因进行分析。

(1) 试样振捣不密实。在制样过程中，人工振捣无法保证试样每层的密实程度均匀，如果用力不均匀可能导致试样出现中间有大面积空缺的现象，当对试样进行压缩剪切时会出现试样倾斜倒塌现象，而在比较大的围压状况下，如果试样出现空缺现象，那么膜很快被试样内部坚硬的碎石刺破，因此制样过程中，一定要保证振捣频率一样，保证试样足够密实，这样才没有上述的问题；最好使用振动台，振捣频率以及密度可以控制，以保证试验顺利进行。

(2) 试样密封问题。当密封试样时，一定要密封非常严实，在做试验过程中，用的金属箍通过螺丝来固定试样顶部和底部的松紧，因此在通气体过程中，气体通过金属箍和橡皮膜之间空隙进入试样内部，使试样像单轴压缩试样一样，试样内部和外部没有产生压力差，使三轴仪失去了给试样添加压力的意义；在执行设定的试验程序时，试样压缩至试样高度的15%时，轴向应变与偏应力的关系曲线虽然趋势正确，但量级会出现很大的偏差，如做围压为200kPa的常规三轴试验，当轴向应变达到15%时，偏应力为50kPa左右，而同样的试件在加载到这种程度时，偏应力正常会在1MPa左右，偏应力量级出现了误差的原因是试样密闭性不好。解决问题的办法就是选择密封性更好的箍筋橡胶，可多箍几层。

(3) 三轴仪是测定粗粒料力学性质的重要的仪器，随着试验仪器不断的改进和相关技术的发展，其性能也越来越好，可以更好地服务于科研。在做试验过程中，需要明确试验目的，根据试验目的，设计相应的试验步骤，对材料种类的选择，级配的控制、含水率、压实度、干密度、试验仪器的选择、时间的把控、围压、应力水平都应在试验特别重要的考虑范围之内，这些因素的变化会对试验结果产生很大的影响，根据试验要求将设计试验步骤和影响试验的因素考虑进试验当中。可以将做过的试验进行数据处理然后再分析其结果与其他同等试验条件下所做的试验进行对比，可以进行多组对比，分析出差别和相同点，然后对试验进行改进。

2.1.5.2 三轴试验结果分析

根据设备安全阈值和试验要求，本次试验设定的粗粒料常规三轴试验围压为200kPa、400kPa、600kPa，试样剪切至轴向应变的15%时停止剪切，试验规程剪切速率为0.5%/min。为了验证试验的正确性，每个试验做两次对照试验。在试验后发现，各试验变量之间的关系基本符合客观事实，本次试验达到了试验目的。本试验结果如图2.15所示。

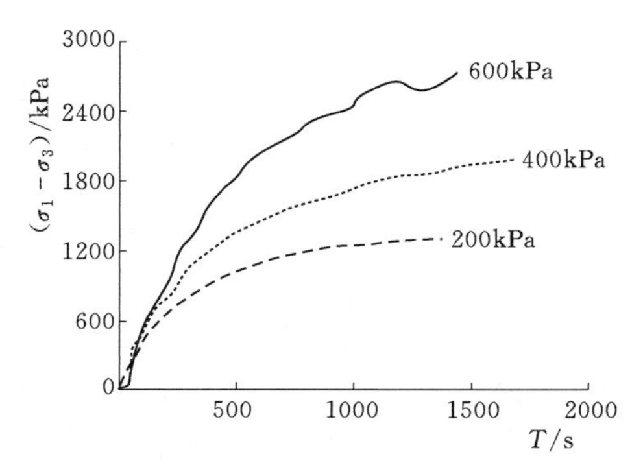

图2.15 各个围压下时间 T 与偏应力 $(\sigma_1-\sigma_3)$ 的关系

根据试验结果得到的结论如下：

(1) 在一定时间段，粗粒料在压缩剪切试验过程中，随着时间的增加，试样受到的偏应力与试验时间呈非线性相关的关系，这说明粗粒料受到的偏应力变化与试样的强度关系很大。

(2) 当粗粒料受力达到某一强度时，时间与偏应力的关系呈线性相关的关系，而偏应力的值也会趋于稳定，当试样达到破坏峰值时，试样的偏应力的值会出现下降趋势，试样强度变小。

(3) 根据粗粒料偏应力与时间的关系图可以得出：在600kPa的围压下进行剪切试验时出现了一小段直线，通过分析可知，在试验开始的阶段围压作用在试样表面压力大于施加给试样的轴向压力，因此会出现上述情况，而200kPa、400kPa没有出现上述情况，通过试验结果可以说明围压不大的试验阻止试样的轴向变形的作用力比较小。

通过粗粒料三轴试验可知其力学性质：粗粒料随着围压的增加，在相同的条件下，偏应力会随着试样剪切到相同的轴应变时，对应的偏应力也会随之增加。

2.1.5.3 试样径向应变测定

在粗粒料试样开始压缩的过程中，试样轴向压缩，试样体积随之变小；当作用在试样的轴向力足够大时，试样会相对密实，试样会向四周扩散，出现试样膨胀的现象。为了将试样的轴向变形和径向变形量化，试验通过链条传感器将试验变化的数据采集来反映试样的变化，下面是径向传感器的工作原理及计算公式，径向传感器的量程为−12%～12%。径向变形传感器如图2.16所示。

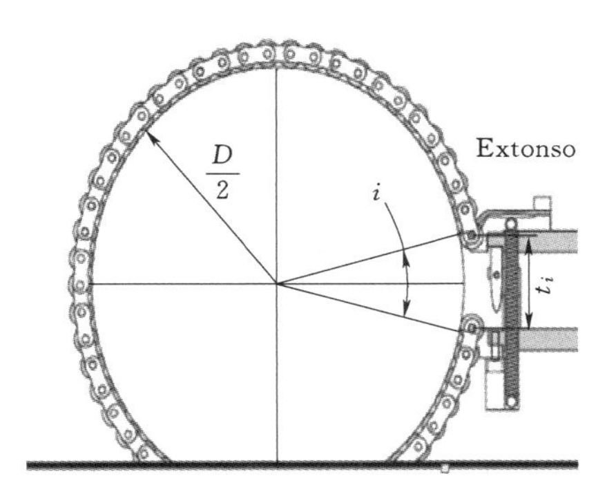

图 2.16 径向变形传感器

传感器的原理如下：

$$\theta_i = (2\pi D + 4\pi r - 2L)/(D + 2r) \tag{2.7}$$

$$E_r = \Delta C/(\pi D) \tag{2.8}$$

$$\Delta C = \left\{[\pi(I_f - I_i)]/\left[\sin\left(\frac{\theta_i}{2}\right) + \left(\pi - \frac{\theta_i}{2}\right)\cos\left(\frac{\theta_i}{2}\right)\right]\right\}n \tag{2.9}$$

式中：ΔC 为试样环形变形量，mm；D 为试样直径，mm；L 为链条直径，mm；r 为滚轮直径，mm；$I_f - I_i$ 为弦长（即实测径向传感器读数），mm；θ_i 为初始角度。

2.2 粗粒料湿化变形试验

2.2.1 试验原理及方法

湿化变形试验主要是在常规三轴试验仪器上进行的，有单向压缩湿化、各向等压下的湿化和常规三轴湿化试验[8-9]。试验方法有两种：第一种是在相同的应力水平下做试验干样的常规三轴试验与在相同应力水平下的试样湿化饱和状态作三轴剪切试验，用干样、饱和样两种状态的应变差值作为湿化变形，这种方法称双线法[10]（图 2.17）；第二种是先用试验干样加载到某一设定的应力状态，试样压缩稳定以后底部充水饱和，测得饱和湿样稳定后附加变形为湿化变形，这种方法称单线法[11]（图 2.18）。Nobari 和 Duncan 在三轴仪上以砂为材料进行了单线法和双线法试验，发现两种方法得到的湿化变形是相近的，因而认为可以用双线法来代替单线法[12-13]。左元明等[14]、殷宗泽等[15]通过应用单线法和双线法对砂砾料、堆石料的湿化变形试验发现：单线法比双线法轴向应变大，而体变相比之下要小一些。李广信[16]通过试验也发现双线法得到的湿化变形要比单线法小。已有的试验成果表明，这两种试验方法的结果均有一定的差异。双线法改变了水与荷载对土体的作用次序，这样的应力状态与实际不符；单线法符合浸水变形的实际过程，但一个试样只能得到一种应力状态下的湿化变形，要得到不同应力状态下的湿化变形，必须做多次试验，试验工作量很大。

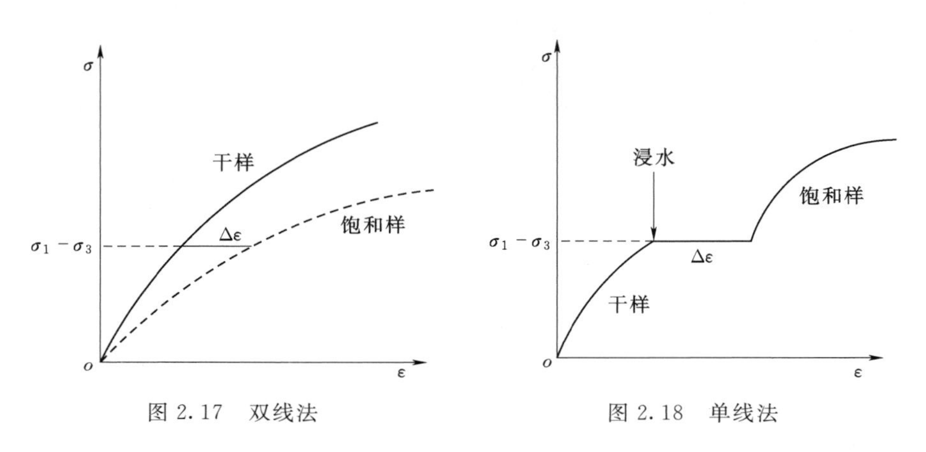

图2.17 双线法　　图2.18 单线法

国内学者进行粗粒土湿化变形特性研究主要采用应力式三轴仪，通过调整轴向应力不变来进行湿化试验，因而应力状态有所变化，会带来一定的误差。试样直径有39.1mm、40mm、101mm、150mm和300mm，由于试验主要采用中小三轴试验，室内试验需要对原级配进行缩尺，这种缩尺效应引起的湿化变形特性与填料的实际工程特性会有不小的差异。体变一般采用汽水转换装置、双筒压力室等来进行量测。这些设备虽能够较好地测得试样的湿化体变，但大多只能进行低围压（一般不大于600kPa）下的试验。双江口土石坝的高度已达300m量级，要求三轴试验时的围压很高，这对仪器的尺寸、仪器的强度和加载系统都提出了更高的要求。

左元明、沈珠江通过进行单线法和双线法两种方法对横山坝壳砂砾料进行浸水变形试验后认为，单线法测定浸水后的轴向应变和体应变增量与双线法干、饱和两条曲线的差值是不同的。单线法测定的轴向应变增量较双线法大，后者通常仅为前者的20%～77%；单线法测定的体积应变增量较双线法小，前者通常仅为后者的54%～100%。

鉴于单线法和双线法测定量值差别较大，加之双线法的试验应力路径和现场的湿化路径不相符，采用更加符合粗粒料湿化变形规律的“单线法”进行浸水变形试验，为更好地探究粗粒料湿化变形规律奠定了基础。

2.2.2 试验变量

对粗粒料进行湿化变形特性研究需要明确研究目的和控制的变量，选取单线法对粗粒料进行湿化变形特性研究，通过前面的常规三轴试验确定试样破坏峰值，设定湿化应力水平。试验过程中，将干样压到湿化应力水平的偏应力、通水饱和、饱和标准下面有介绍，湿化稳定时间也有要求，设定围压 200kPa、400kPa、600kPa，湿化应力水平为 0、0.25、0.50、0.75，每个围压有 3 个湿化应力水平的试验。共 9 组湿化试验，为了避免试验的偶然性，每一种试验在相同的条件下做 3 次。

2.2.3 试验步骤

（1）根据常规三轴试验得到当轴向应变达到 15%时偏应力的峰值，根据公式 $s=(\sigma_1-\sigma_3)/(\sigma_1-\sigma_3)_f$ 算出每次试验施加的偏应力（提前设定好湿化应力水平，采用应力式控制方式）。

（2）按照试验规程制样，安装好试样，套上压力罩，将整个压力室通过吊车梁移动到工作台上，对正加载轴的中心位置，将压力室归位，然后向压力室内部通气压，顶部和底部都打开阀门，通 20min 左右，将内部的 CO_2 排出，试样顶部通过真空泵抽取真空，保证试样内部没有气体而直立。

（3）施加设定的试验围压，施加计算好的试验偏应力，然后静止一段时间，防止试料不稳定影响后面湿化试验结果。

（4）当试样稳定以后，按照规定的剪切速率至预定的湿化应力稳定后，再将控制柜与试样底部进行联通，通过控制柜施加压力让水流入试样底部，当水从底部充满试样、水从顶部均匀流出时，浸水变形的稳定标准为在 30min 内垂直变形不超过 0.01mm，浸水饱和时间通常为 1.0～5.0h，本次试验视定试样饱和，满足试验要求。

（5）在试验过程中保持轴向压力不变。

（6）根据《土工试验规程》（SL 237—1999）要求，本次试验设定湿化稳定的时间为 24h，之后执行设定的程序直至试样破坏或至试样轴向应变的 15%。

（7）采集数据，把轴向荷载卸掉，卸掉围压，将试样内部的水排出，拆掉压力仓，将试样拆除，打扫试验台，完成试验。

2.2.4 试验操作标准

试验的开展需要一定的标准，在准确的试验标准下，才能定性定量地分析研究问题；粗粒料湿化试验以及变形稳定等标准对研究粗粒料湿化变形机理起着至关重要的作用，下面对粗粒料的湿化试验标准进行描述。

2.2.4.1 湿化水头

在做粗粒料湿化试验时，为了使试样在有压的情况下能将水通入试样内部的外部水头高度就称为湿化水头。在做湿化试验过程中需要根据试验条件来确定水头高度，但在做试验过程中没有统一的标准，因此要视情况而定。

在进行此次试验过程中没有很小的颗粒，所有的粗粒料颗粒直径都大于5mm，特别容易被冲刷，因此根据实际情况设定湿化水头高度，本次试验的湿化水头设定的标准为1.5m，满足试验要求。根据多次试验结果记录，试样在设定的湿化水头高度下浸水饱和大多数为25～35min。

2.2.4.2 三轴剪切

湿化试验需要测定粗粒料在剪切至特定的湿化应力水平下湿化轴向应变和体积应变，根据规定试样需要剪切至峰值的3%～5%或者轴向应变达到了15%～20%，根据试验要求需要做粗粒料的固结排水试验，根据规程粗粒料在进行固结排水试验时，试验设定的剪切的速率为0.1%/min～0.5%/min；对于高300mm的试样，试验设定剪切速率为0.5%/min，可满足试验要求。

2.2.4.3 停机稳定时间

三轴仪压缩仪根据控制方式可分为应变控制式和应力控制式，应力控制式三轴仪压缩仪是根据分级施加荷重对土样施加轴向压力，直至试样发生破坏的三轴仪；应变控制式三轴仪是以等轴向变形方式对土样施加轴向压力，直至试样发生破坏的三轴仪。试验根据实际情况选用应力控制式进行三轴湿化试验。在做试验的过程中，根据常规三轴试验设定湿化应力水平，算出试验过程中设定湿化应力水平下的轴向压力和围压，设定好湿化应力水平下的轴向应力和围压，保持此时的应力状态不发生变化，向试样里通水，测定试样在湿化状态下试样的轴向变形和体积变形。

荷载稳压器保持轴向荷载稳定不变，等粗粒料在压缩剪切以后就保持试样稳定[17]，在测粗粒料湿化饱和以后的轴向变形和体积变形的试验过程中，如果试样达到湿化应力水平就提取湿化变形数据，这样提取的结果是不准确的，前期的粗粒料通水变形比较大，而湿化变形是一个缓慢变形过程，为了对粗粒料湿化变形规律有个比较准确的认识，为了不影响粗粒料湿化变形的整体分析，在前期变形稳定以后才能提取湿化稳定数据。

试验标准的制定需要经过大量的试验，而对于本次试验的停机标准和稳定标准，学者研究得比较少，只有少数的文献[18-20]对这部分内容进行叙述，根据试验标准制定的标注，以15min控制平均轴向应变率为0.0006%/min进行试验可满足试验要求。

《土工试验规程》（SL 237—1999）中规定关于粗粒料固结试验的湿化变形稳定标准是允许以主固结完成作为相对稳定的标准，对于高液限土，24h以后尚有较大的压缩变形时，认定试样变形每小时变化不大于0.005mm为稳定。

在目前对湿化试验中停机变形标准的研究较少，本次湿化试验中停机变形的稳定标准采用平均应变率，即为0.00001/min。试验结果表明达到该标准的时间约为3～5h，停机变形约占湿化变形的25%～33%。由于室内试验中材料流变形主要是在前几个小时内完成的，因此采用该标准不会带来较大的误差。

2.2.4.4 浸水湿化饱和时间

在进行粗粒料湿化变形试验时，需要对粗粒料的湿化状态进行饱和，而试样饱和的标准是通过其他试验结论以及现场情况设定的，在试验过程中从试样干态底部通入水流以后，随着时间的推移，水流会不断涌入，致使水流会从试样顶部溢出，当水流从底部进入的量和顶部输出的水量是一样的（顶部流出的水柱比较均匀），就认定试样达到饱和状态，就可以为下一步湿化试验做准备。在此次试验过程中用进水量和出水量的方法能够满足粗粒料的湿化变形研究[21-22]。

2.2.4.5 湿化稳定

当试样在通水稳定后再进行湿化变形试验，粗粒料颗粒浸水软化或者颗粒间被水润滑而产生湿化变形，其湿化稳定标准没有准确的时间节点，试验参考其他停机稳定标准，设定湿化稳定标准为0.00017m/min。为了对粗粒料湿化试验的稳定标准进行控制，试验选定24h为湿化变形的结束时间段，然后采集其试验变形数据[23]。

2.2.4.6 试样湿化体积观测

在湿化试验过程中，试样通水以后，当试样在短时间内保持30min不超过0.01mm的轴向变化量时，静止24h，在这个过程中，试样的轴向变化特别小，而体积变化更小，通过现有的仪器无法观测到试样体积变化量，通过试样微观变化进行定量分析，试样从顶部排出的水量与试样湿化体积变化量基本吻合，在同样的条件下，与其他做过的湿化试验进行了对比，误差在0.02%左右，因此符合试验的要求，粗粒料在湿化作用下体积变化量可以根据试样的排水量进行观测[24-25]。

2.2.5 试验因素影响

影响粗粒料湿化变形试验因素有很多，不同的试验因素导致试验结果也不一样，所以要根据试验目的以及试验条件确定试验步骤和标准，而试验围压、应力水平等都对试验结果产生较大的影响[26-27]，因此设定试验围压和应力水平等的试验标准至关重要。有些专家学者通过试验发现：试验围压对粗粒料的湿化变形试验的结果有直接的影响，左永振等[28]通过粗粒料湿化三轴试验得出粗粒料湿化轴向变形和湿化体积变形随着试验的围压的增大而增大。彭凯等采用似斑状黑云母钾花岗岩进行堆石料湿化变形研究，发现湿化轴变与围压基本呈现线性关系，而各项同性的材料，等压条件下湿化体变与湿化轴变比值在3附近；在特定的围压下，湿化体积应力水平呈线性增加，当应力水平一样时，湿化体积随围压增加而增加。而在某一围压下，随着应力水平的增加，湿化体变和湿化轴变的比值逐渐减小。张宇奇等研究张峰水库粗粒料三轴湿化试验时，发现两种土样的应力值随着围压的增大而增大，且同围压不同应力水平下应力-应变曲线形状比较相似，且不同的应力水平最终的应力值呈现收敛趋势，说明土的破坏强度与围压关系密切，而与应力水平关系不大。

粗粒料湿化应力水平对湿化试验研究有较大的影响。李鹏等[29]研究的粗粒料的大型高压三轴湿化试验研究中发现，在同一围压下，湿化轴变随着应力水平的提高而增大，而湿化体应变随着应力水平的增大而减少，甚至变为负值；也就是说，在同一围压下，随着应力水平的增加，试样体积由小变大，发生膨胀，而轴向变形也会随着应力水平的增大而增大。因此对于试验影响因素的研究也至关重要。

2.2.6 研究结果

粗粒料进行三轴湿化试验时，根据试验要求，按《土工试验规程》（SL 237—1999）规定的方法进行湿化试验，粗粒料湿化试验前后对比如图2.19所示。

通水以后，粗粒料的强度发生很大的变化；在相同的围压和轴向力的作用下，未加水时，试样没有发生明显的破碎，但是加水以后试样明显有裂痕，间接说明试样考虑湿化和不考虑湿化试样时试样强度有明显的差距。

广义剪应变和广义体积应变可表达为

$$\gamma=\sqrt{\frac{2}{9}[(\varepsilon_1-\varepsilon_2)^2+(\varepsilon_2-\varepsilon_3)^2+(\varepsilon_3-\varepsilon_1)^2]} \tag{2.10}$$

$$\varepsilon_v=\varepsilon_1+\varepsilon_2+\varepsilon_3 \tag{2.11}$$

在轴对称的情况下，$\varepsilon_2=\varepsilon_3$。湿化变形结果如图2.20～图2.23所示。

在相同围压下，随着应力水平的增加，偏应力也是在逐渐增大；在不同围压下，在相同的应力水平随着围压的增大，对应的偏应力也越来越大；在相同的围压下，湿化过程中，只要应力水平大于0，试样湿化轴变始终大于体变，说明在试样浸水湿化的过程中，在规定的时间内，轴向应变变化值大于体积应变变化值。本书考虑了在 $S_l=0$ 的情况（即等向固结）。

图 2.19 粗粒料湿化试验前后对比

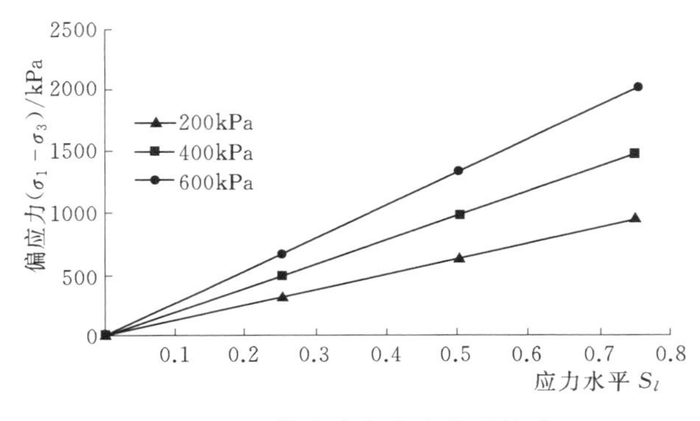

图 2.20 偏应力与应力水平关系

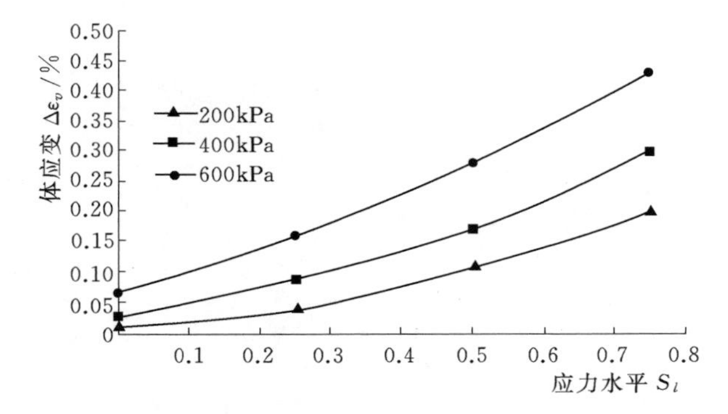

图 2.21　体应变与应力水平关系

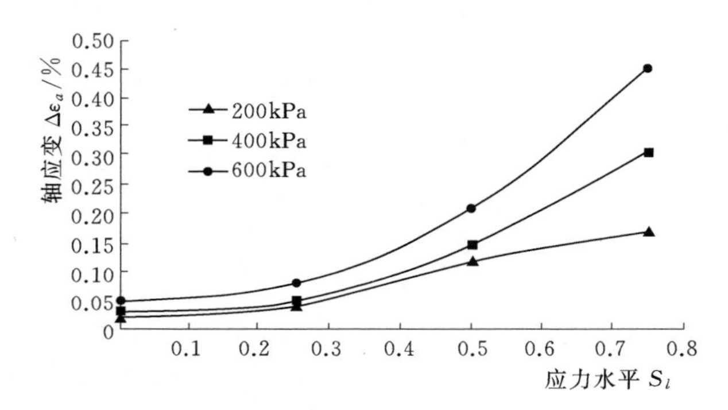

图 2.22　轴应变与应力水平关系

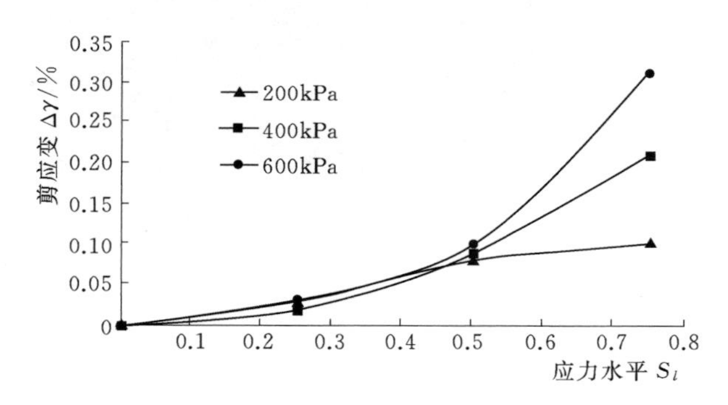

图 2.23　剪应变与应力水平关系

本章参考文献

[1]　陈明明. 粗粒料填方的压实 [J]. 国外公路，1988 (4)：56－58.

[2]　刘志伟. 砂砾石碾压垫层的工程性能试验与研究 [D]. 西安：西安建筑科技大学，2006.

[3] 高全. 强震区宽级配粗粒土固结对泥石流发展趋势的影响 [D]. 北京：中国科学院研究生院，2011.
[4] 中华人民共和国水利部. 土工试验规程：SL 237—1999 [S]. 北京：中国水利水电出版社，1999.
[5] 方新平，易小波. 非黏性土相对密度测定 [J]. 科技风，2010 (8)：139.
[6] 李国英，杨杰. 堆石料应力应变特性及强度特性的粒径效应研究 [C] //科技创新与水利改革——中国水利学会 2014 学术年会，2014.
[7] 岳建刚. 不同应力路径下南昌红土的变形与强度特性研究 [D]. 北京：中国矿业大学，2017.
[8] 彭凯，朱俊高，王观琪. 堆石料湿化变形三轴试验研究 [J]. 中南大学学报（自然科学版），2010 (5)：320-327.
[9] 杨贵，刘汉龙，朱俊高. 粗粒料湿化变形数值模拟研究 [J]. 防灾减灾工程学报，2012，32 (5)：535-538，551.
[10] 刘彦伟. 土工三轴试验中土样变形的数字图像测量系统研究 [J]. 科技信息，2010 (19)：30，53.
[11] 王蕴嘉，周梦佳，宋二祥. 考虑颗粒破碎的堆石料湿化变形特性离散元模拟研究 [J]. 工程力学，2018 (1)：217-222.
[12] 王祖耀. 单、双线试验法对评价黄土湿陷性的影响研究 [D]. 兰州：兰州大学，2017.
[13] 张茂花，谢永利，刘保健. 基于割线模量法的黄土增湿变形本构关系研究 [J]. 岩石力学与工程学报，2006 (3)：609-617.
[14] 左元明，沈珠江. 坝壳砂砾料浸水变形特性的测定 [J]. 水利水运科学研究，1989 (1)：107-113.
[15] 殷宗泽，赵航. 土坝浸水变形分析 [J]. 岩土工程学报，1990 (2)：1-8.
[16] 李广信. 关于土的本构模型研究的若干问题 [J]. 岩土工程学报，2009 (10)：162-167.
[17] 汪居刚，魏松，耿子硕，等. 考虑缩尺效应粗粒料单向压缩湿化变形试验研究 [J]. 人民珠江，2016，37 (6)：1-4.
[18] 安庆军，宋林辉，梅国雄，等. 三轴 CD 试验稳定控制标准讨论 [J]. 工程勘察，2008 (2)：1-3，7.
[19] 赵慧. 循环荷载作用下粉土的破坏标准和动力特性的试验研究 [D]. 南京：河海大学，2006.
[20] 郭莹，栾茂田，何杨，等. 主应力方向循环变化对饱和松砂不排水动力特性的影响 [J]. 岩土工程学报，2005，27 (4)：403-409.
[21] 沈广军，殷宗泽. 粗粒料浸水变形分析方法的改进 [J]. 岩石力学与工程学报，2009 (12)：2437-2444.
[22] 邹军贤. 填方土体湿化变形数值模拟 [J]. 铁道建筑，2000 (2)：56-57.
[23] 朱俊高，ALSAKRAN M A，龚选，等. 某板岩粗粒料湿化特性三轴试验研究 [J]. 岩土工程学报，2013 (1)：176-180.
[24] 张宇奇，张爱军，徐龙飞，等. 张峰水库粗粒料三轴湿化试验研究 [J]. 人民黄河，2014，36 (3)：99-101，105.
[25] 许家宁，邓亚虹，徐召，等. 三轴试验非饱和土体积变化测量方法综述 [J]. 工程地质学报，2018，26 (1)：499-504.

[26] 张丙印，吕明治，高莲士. 粗粒料大型三轴试验中橡皮膜嵌入量对体变的影响及校正 [J]. 水利水电技术，2003 (2)：30-33，67.
[27] 常素萍. 浅淡影响三轴压缩试验结果的因素 [J]. 岩土工程界，2003 (11)：69-72.
[28] 左永振，程展林，姜景山，等. 粗粒料湿化变形后的抗剪强度分析 [J]. 岩土力学，2008，29 (1)：563-566.
[29] 李鹏，李振，刘金禹. 粗粒料的大型高压三轴湿化试验研究 [J]. 岩石力学与工程学报，2004 (2)：231-234.

第3章　基于邓肯-张模型的材料试验仿真分析

3.1　土石料本构模型介绍

堆石料有着与土相似的性质和特点，即其既具有非线性的特点，也具有非弹性的特点。因此，国内众多学者一直致力于研究其非线性变化特征，即堆石料的本构关系；学者们相继提出了很多不同特点的本构模型，可将这些本构模型分为两大类：一类是非线性弹性模型；另一类是弹塑性模型。非线性弹性模型包括邓肯-张模型、清华模型和K-G模型等。弹塑性模型有剑桥模型和沈珠江院士提出的双屈服面模型等。对比两种模型，非线性弹性模型只是在弹塑性模型的基础上对其弹性模量进行重新定义，方法比较简单且其代表模型邓肯-张模型在实际工程中被广泛使用。

3.1.1　粗粒料的特性

粗粒料不同于其他弹性或塑性材料，其具有以下特性。

1. 非线性和非弹性

常见塑性坚硬材料，如金属和混凝土等，在受到轴向拉应力或压应力时，满足在开始阶段为直线变形，即为纯弹性变形。当达到某一应力状态（极限弹性强度状态），应力-应变关系由直线变为曲线，此时材料的变形同时存在弹性变形和塑性变形。试验表明，粗粒料等土体材料在受压时，初始的直线变形（纯弹性变形）很短。相比之下，粗粒料所显现出来的曲线阶段（弹性变形和塑性变形同时存在）更长。尤其粗粒料是松散的物质，在其受到压力（大于弹性阶段）之后，松散颗粒发生位移错动，当卸除压力后，粗粒料无法恢复原状。这一变形称为塑性变形。但卸除荷载后粗粒料应变并不是完全无法恢复，而是会出现微小的变形，这一部分变形称为弹性变形，恢复的应变称为弹性应变，不能恢复的应变称之为塑性应变。当粗粒料经过一次加载—卸载后，再进行一次加载，第二次的加载曲线和上一次的卸载曲线并不会重合。两条曲线会形成一个环状，称之为“回滞环”。形成回滞环的原因是第二次加载时，引起了新的塑性变形。通过不断的循环加载—卸载试验，塑性变形逐渐减小。由此可见，粗粒料的塑性变形存在于任何应力状态下，其特点是虽然包含弹性变形，但其变形十分微小，且卸载后不能恢复到原来的形状。非线性和非弹性是粗粒料变形特有的特征。

2. 剪胀性与剪缩性

广义的剪胀性是指粗粒料在三向受力的作用下，由剪应力引起的体积变形。这里的剪胀性既包括剪胀，也包括剪缩。这一性质普遍存在，粗粒料在三轴压缩试验中，即使其平均主应力保持不变，依然会产生不可恢复的体积变形。这一变形与压力引起的塑性变形不同的是剪胀性由侧向的剪应力引起。在剪应力作用下，粗粒料之前发生横向错位和滑动，使得粗粒料原来的颗粒排列发生变化。粗粒料颗粒间隙增大或减小，都会在宏观上引起粗粒料的体积增大或减小，即剪胀性或剪缩性。通过试验可知，松砂和软黏土一般存在剪缩性，而密砂或者超固结土体一般会表现为剪胀性。粗颗粒的剪胀性和剪缩性是反映材料松散程度的一个重要特性。

3. 硬化和软化

粗粒料是由不同粒径的石块、细沙等堆积而成。石块、细沙等每个颗粒在应力作用下一般都不会表现出形变，因此粗粒料的受力变形主要是由于颗粒之间的缝隙发生改变而表现出来的。在不同的应力状态下，即使施加相同大小的应力或应力增量，引起的应变增量依然不一样，具有不确定性。三轴压缩试验可以控制粗粒料在同一应力状态下，但依然会出现两种轴向应力与轴向应变的变化曲线。一种是随着应力的增加，其应变在不断增加直到破坏，这种变形称为硬化曲线。相反，随着应力增加，粗粒料的轴应变也增加，当应力达到某一值时（小于破坏应力），此时应力会出现下降的趋势，而应变会继续增大，这种现象称为软化曲线。硬化和软化并没有严格的区分，一般软土和松砂表现为硬化，密砂和超固结土则表现为软化。出现软化的原因是当粗粒料受剪时，由于颗粒之间紧密排列，其内部的抗剪力较大。想要克服粗粒料内部抗剪力，必须增大相应剪应力，一旦剪应力达到破坏强度，破坏了粗粒料内部这种排列方式，粗颗粒内部则变得松散，因此产生同样的应变所需要的剪应力会减小，这也就是应力曲线达到一定值后下降而产生软化原因。从理论上分析，剪胀与剪缩性和硬化与软化其实有一定的联系。例如松砂，在剪切过程中其会变得紧密而出现剪缩性，其强度在不断提高进而出现硬化。虽然有联系，但剪胀性土并不都表现为软化。

4. 应力状态

由于材料非线性和非弹性的性质，即使控制初始状态和终了应力状态的应力相同，按照不同的应力路径加载，也将使各个阶段的应力增量出现不同状态，这也使粗粒料的塑性变形表现出很大不同。由于加载的应力路径不同导致结果产生了不同的变形，所以土体的塑性变形与应力历史存在联系。即使其他条件相同，不同的应力历史会产生不同的变形。在三轴压缩试验中，中主应力对粗粒料强度的影响表现在其大小变化，这也可以解释，为何平面条件下粗粒料的抗剪强度大于三轴压缩试验；根据材料硬化和软化的性质可知，中主应力还可以影响粗粒料硬化或软化状态；中主应力对于体应变和轴应变的曲线关系也产生影响，即随着中主应力的增加，体应变的压缩量会增大，即剪胀性会减小。围压的大小可以改变粗粒料的强度和粗粒料模量。随着围压的增加，粗粒料的强度和模量也会增加。同时，当围压降低时，粗粒料的强度和模量也会减小。这是粗粒料的硬压性。此外，围压还可以影响粗粒料的试验曲线体变和轴变的关系曲线状态，其影响关系主要表现在，粗粒料在三轴压缩试验时，既能表现出其剪胀性，又能表现出其剪缩性。同时既能出现软化性，又能出现硬化性。

5. 各向异性

对于粗粒料而言，各向异性是其最重要的力学特性之一。各向异性影响着粗粒料的很多特性，而各向异性的形成是由于沉积作用造成的，其表现形式为物理的力学特性在不同方向上是不同的。粗粒料的各向异性表现形式为在横向上的力或应力大体上是相同的，但是竖向与横向所表现出来的性质却各不相同。现阶段大部分学者认为，粗粒料的各向异性主要可以分为两个方面，即固有各向异性和应力诱发各向异性。固有各向异性主要是由于粗颗粒之间的沉积而形成的在水平方向上和竖直方向上的差异。应力诱发各向异性是由于粗粒料在试验或实际条件下受到来自不同方向的应力所导致的。不同方向的力或同方向但大小不同的力作用在粗粒料上，使得粗粒料在空间排布上不相同。以上两种各向异性属于微观结构的各向异性导致的。目前除了上述两种因素外，很多学者将罗德角的变化和不同也算在了粗粒料的各向异性当中。

6. 结构性

粗粒料的结构性是指粗粒料的颗粒之间的空隙或者空隙排列形成的结构，对于土而言，土颗粒之间是有相互作用和黏结的，但粗粒料却没有。粗颗粒的结构性是各不相同的，颗粒的矿物成分、颗粒的形成条件和浸没颗粒的水化学成分都会影响到粗粒料的结构性。粗颗粒的结构性还受到地层因素的影响，地层形成后，受到物理、化学等因素的影响，如腐蚀、固结、风化、浸润等都会改变原来的粗粒料的结构，这样新的结构性也就形成了。因此粗粒料的结构性受到自然条件的限制和影响，结构性的强弱也受到自然条件强度的影响。

3.1.2 弹性非线性模型

弹性非线性模型其刚度矩阵［D］来自于广义胡克定律。当考虑非线性条件存在时，在刚度矩阵［D］中的弹性常数 E、ν 不再是常量，而是随应力状态而改变的变量。当土体处于某一应力状态 $\{\sigma\}$ 时，当再额外施加一个应力为 $\{\Delta\sigma\}$ 时可以在应力状态为 $\{\sigma\}$ 时计算得其弹性常数刚度矩阵 $[D]$ 或其逆矩阵 $[C]$，并得到其应变增量 $\{\Delta\varepsilon\}$。根据广义胡克定律可得到以下逆矩阵 $[C]$。

$$[C]=\frac{1}{E}\begin{bmatrix} 1 & -\nu & -\nu & 0 & 0 & 0 \\ -\nu & 1 & -\nu & 0 & 0 & 0 \\ -\nu & -\nu & 1 & 0 & 0 & 0 \\ 0 & 0 & 0 & 2(1+\nu) & 0 & 0 \\ 0 & 0 & 0 & 0 & 2(1+\nu) & 0 \\ 0 & 0 & 0 & 0 & 0 & 2(1+\nu) \end{bmatrix} \tag{3.1}$$

式中：E、ν 均为 $\{\sigma\}$ 的函数关系。根据胡克定律，当在 $\{\sigma\}$ 应力状态下增加 z 方向上的 $\{\Delta\sigma_z\}$ 增量，其他方向的应力保持不变，可得

$$\Delta\varepsilon_z=\frac{\Delta\sigma_z}{E},\Delta\varepsilon_x=-\nu\frac{\Delta\sigma_z}{E} \tag{3.2}$$

则

$$E=\frac{\Delta\sigma_z}{\Delta\varepsilon_z} \tag{3.3}$$

$$\nu=-\frac{\Delta\varepsilon_x}{\Delta\varepsilon_z} \tag{3.4}$$

常规三轴试验可以保持围压 σ_3 不变的情况下，施加轴向应力 $(\sigma_1-\sigma_3)$。通过三轴试验仪器可测得常规三轴试验轴向应变 ε_a 和体积应变 ε_v，并推导出侧向应变为

$$\varepsilon_r=\frac{\varepsilon_v-\varepsilon_a}{2} \tag{3.5}$$

常规三轴试验时围压并不增加，通过式（3.3）可知图像 $(\sigma_1-\sigma_3)-\varepsilon_a$ 的斜率为弹性模量 E。根据式（3.4）可得知图像 $-\varepsilon_r-\varepsilon_a$ 的斜率曲线为泊松比 ν。但在常规三轴试验中，当固定围压 σ_3 时，仅需适当在 σ_1 的基础上增加 $\Delta\sigma_1$ 即可测得弹性模量 E，但做出以上计算时需要假定材料是各向同性的。保持上述假设也可用于 σ_1 和 σ_3 同时增加的情况。

在实际三轴试验中，所做图像 $(\sigma_1-\sigma_3)-\varepsilon_a$ 关系曲线第二主应力增量 $\Delta\sigma_2$ 并不为0，当仅考虑 $(\sigma_1-\sigma_3)-\varepsilon_a$ 关系曲线图像时，该曲线的割线斜率并不具有全量弹模的物理意思，因为全量测压力不为0，且 ε_a 并不等于全部的 ε_1。因此不能准确确定弹性模量常数。

弹性非线性模型能够反映土体变形的主要规律，但也有部分规律没有得到反映。模型为非线性，但也把塑性变形中的部分也当作弹性变形处理。其塑性形变通过弹性常数来调整。用于增量计算，能够反映应力路径对变形的影响，

通过回弹模量与加荷模量两个物理参数反映应力加载历史。但这一假设并没有考虑到固结压力的改变对其形变量带来的影响。对于加载和卸载的变化，也没有考虑对 ν 的影响。为了反映高固结压力对形变的影响，可采用公式 $\varphi=\varphi_0-\Delta\varphi\lg\frac{\sigma3}{P_a}$ 计算其内摩擦角；根据广义胡克定律，中主应力对于土体变形是有影响的，但模型中对于弹性模量 E 和泊松比 ν 的计算中并没有反映中主应力对其影响。对于胡克定律，其无法反映土体剪胀性，也不反映平均主应力对剪应变的影响。即模型只能考虑硬化现象，对于软化现象无法考虑，也无法反映土体的各向异性。虽然广义胡克定律不反映土体的剪胀性，但模型参数计算时所用的体积应变也包含了平均正应力 p 的增大所引起的变形，同时包含剪切所引起的体应变。胡克定律认为，所有的体应变由 p 增加所引起的压缩，对于剪缩性的土体确定其体积模量 K 和泊松比 ν 比真实值小。在有限元计算中，假设单元体应变偏应力 q 与平均正应力 p 增加的比例与试验时保持一致，即 $\Delta q/\Delta p=3$，则偏低的 K 或 ν 算出偏大的体应变恰恰弥补了剪切引起的压缩。然而对于大多数单元 $\Delta q/\Delta p<3$，偏低的 K 或 ν 会算出偏大的体应变。对于剪胀土，则相反。另外，K 和 ν 的偏大、偏小还会影响到计算侧压力，也是值得注意的。

弹性非线性模型以邓肯双曲线模型为代表。此外还有其他模型，如 K-G 模型。这类模型所用的弹性常数为体积模量 K 和剪切模量 G。用三轴等向压缩试验测出 p 与体积应变 ε_v，有 $p-\varepsilon_v$ 建立 K 的公式。Naylor 取切线体积模量 K_t 为 p 和 q 的线性函数。$K_t=K_i+a_{kp}$。由三轴剪切试验可建立切线剪切模量 G_t 的公式，Naylor 取 G_t 为 p 和 q 的线性关系式，$G_t=G_i+a_{Gp}+\beta_{Gq}$。上述所有参数 K_i、a_K、G_i、a_G、β_G 均由三轴试验确定。

3.1.3 弹塑性模型

3.1.1 节中提到非线性模型，其本质是假设变形全部都是弹性变形，通过改变弹性模量，使得弹性模量的增量不断改变，只有增量改变，弹性模型的直线就会变成非线性的，也就是我们所看到的弹性非线性模型；而另一种模型弹塑性模型则是将所有形变分为弹性变形和塑性变形两部分。弹性部分可以由胡克定律计算得出。对于塑性部分计算则需要三个假定：①塑性势假定；②关联流动性假定；③应力主轴假定。而不同的弹塑性模型对以上三个假定的具体形式也不同。目前有很多应力应变模型都基于弹塑性模型，下面介绍几个有代表性的模型。

1. 剑桥模型

剑桥模型是由剑桥大学的罗斯科在 1958 年提出的。这一模型是他通过研究黏土的正常固结和弱固结三轴压缩试验数据得到的。它阐述的是土体的塑性变形是具有单向性的，即类似于单轴变形问题。他认为土体类似硬化材料，当材料符合硬化要求时，它更符合流动性法则和能量守恒定律。正是根据能量守恒定律，Roscoe等[1]在1965年对剑桥模型的屈服面修正，将它修正为通过原点的椭圆形曲线。在当时，剑桥模型应用相当广泛，因为它的计算只需要3个参数，且这3个参数很易于测定。可是剑桥模型依然存在缺陷，这个本构模型没有考虑土体的剪切变化。针对这一缺陷，近现代许多学者对剑桥模型剪切变形计算提出了许多修正的方法。

2. D-P模型

D-P模型是由Drucker和Prager[2]两位学者在1952年提出来的，这一模型结合了Coulomb屈服准则和Mses准则两个准则。但这两个模型都有不足之处，其中Coulomb屈服准则不考虑中主应力的影响，Mses准则不考虑静水压力的影响。Drucker在1957年提出了关于盖帽模型的设想。D-P模型比M-C模型更适合于数值计算，原因是它的屈服面函数为一个在x平面上的圆，屈服面的确定则为位移的计算提供了方便。但它的不足依然是没有考虑到中主应力的影响。

3. 沈珠江双屈服面模型

沈珠江双屈服面模型是由沈珠江[3]提出的，沈珠江双屈服面模型囊括了邓肯-张模型和剑桥模型两大模型的优点。沈珠江双屈服面模型又称为南水模型。其优点是既包含胡克定律，又将粗粒料的剪胀性、剪缩性等特点加入到胡克定律中。这个模型不仅反映改变应力路径后应变的变化，还可以包含邓肯-张模型所需的计算参数。邓肯-张模型的计算参数是由常规三轴压缩试验得到的。易于计算，且模拟效果良好。

3.2 邓肯-张模型

3.2.1 模型选择

邓肯（Duncan）和张（Zhang）根据粗粒料常规三轴试验提出的双曲线模型，当试验围压不变的情况下，在试样剪切过程中会产生轴向变形和径向变形，根据曲线特征，确定曲线的弹性模量、泊松比等试验参数。选取有邓肯-张$E-\nu$（弹性模量与泊松比的关系）模型进行参数推导；$E-\nu$模型反映的是粗粒料的非线性关系，而非线性是岩土的最明显的力学特征[4]；也可以反映剪切变形随着偏应力增加而增加，随围压的增加而减小，可以通过切线弹性模量与泊松比的关系反映它们之间的关系[5]；模型通过增量法进行有限元计算，而$E-\nu$模型能反映粗粒料的应力路径；再者试验推导过程中可以直接得到轴向变形和径向变形。综上所述，选取$E-\nu$模型是比较合适的。

3.2.2 邓肯-张 E-ν 模型的参数推导

土的本构关系对应的是土颗粒之间的应力-应变。土的应变或应变率是指应力、温度、时间及其他因素的函数关系[6]。在选取本构模型时，会推导所选模型的材料参数，通过公式推导反映土之间的应力应变关系。

本章选用邓肯-张 E-ν 模型，模型有 φ、c、K、n、R_f、G、F、D 共 8 个参数；φ、c 是摩擦角和黏聚力，可通过粗粒料常规三轴试验获取；其他参数通过试验数据进行线性拟合和公式推导获得。

常规三轴试验可以得到粗粒料的偏应力和轴向应变的关系如图 3.1 所示，在这些试验数据的基础的 $\varepsilon_a/(\sigma_1-\sigma_3)$ 与 ε_a 关系如图 3.2 所示，根据 $\varepsilon_a/(\sigma_1-\sigma_3)$ 与 ε_a 关系拟合出来的直线得到试验常数 a、b 值（a、b 为试验常数，a 代表的是拟合曲线的截距，b 代表的是拟合曲线的斜率）。

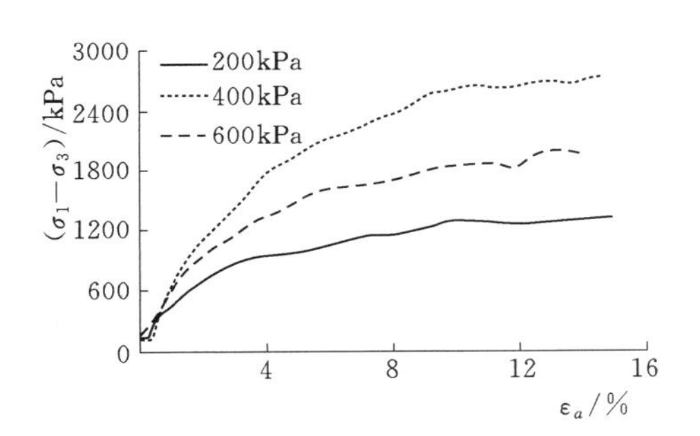

图 3.1 不同围压下 $(\sigma_1-\sigma_3)$ 与 ε_a 关系拟合曲线

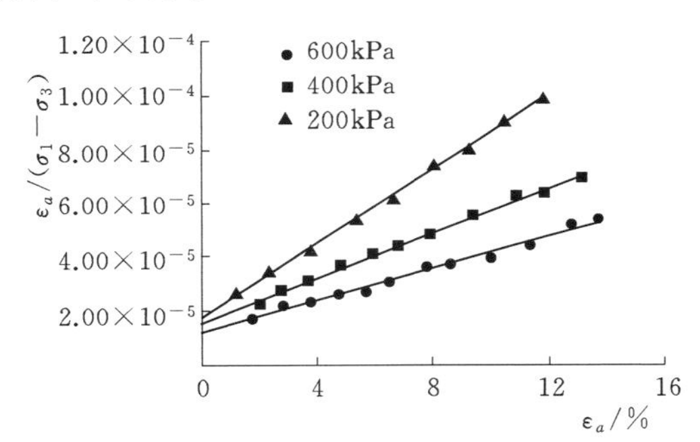

图 3.2 不同围压下 $\varepsilon_a/(\sigma_1-\sigma_3)$ 与 ε_a 关系拟合曲线

(1) 由图 3.1 可以看出轴向应变 ε_a 随着偏应力 $(\sigma_1-\sigma_3)$ 的增加而增加，在相同的条件下，围压越大，偏应力也越来越大，而图像刚好符合岩土非线性的关系。

根据试验数据作出的 $\varepsilon_a/(\sigma_1-\sigma_3)$ 与 ε_a 的关系曲线进行了线性拟合，由图 3.2 可知 $\varepsilon_a/(\sigma_1-\sigma_3)$ 与 ε_a 关系呈线性相关，与缪林昌等[7]作出的关系曲线基本一致，说明试验数据基本符合试验变化规律。

每个试验围压下都有一个关系直线，因此就会有不同的 a 和 b 值，根据偏应力 $\sigma_1-\sigma_3$、轴向变形 ε_a 与 a、b 之间关系可得如下关系式：

$$\sigma_1-\sigma_3=\varepsilon_a/a+b\varepsilon_a \tag{3.6}$$

邓肯和张利用上面的关系式推导出了切线弹性模量公式。在 σ_3 不变的情况下，根据切线弹性模量 $E_t=\dfrac{d\sigma}{d\varepsilon_a}$ 的关系式得到增量的弹性模量：

$$E_t=\Delta\sigma_1/\Delta\varepsilon_1=\Delta(\sigma_1-\sigma_3)/\Delta\varepsilon_a=\partial(\sigma_1-\sigma_3)/\partial\varepsilon_a \quad (3.7)$$

将式（3.6）代入式（3.7）中得材料的初始切线模量公式：

$$E_t=a/(a+b\varepsilon_a)^2 \quad (3.8)$$

$\varepsilon_a/a(a+b\varepsilon_a)=\sigma_1-\sigma_3$ 变形得 $\varepsilon_a=a/[1/(\sigma_1-\sigma_3)-b]$，代入 $E_t=a/(a+b\varepsilon_a)^2$ 得出新的公式：

$$E_t=[1-b(\sigma_1-\sigma_3)]^2/a \quad (3.9)$$

在进行岩土的常规三轴试验过程中会发现土体在弹性范围内不符合线性关系，因此采用切线弹性模量来代替。现在来研究 a 和 b 的意义及它们随力的变化。在公式 $a+b\varepsilon_a=\varepsilon_a/(\sigma_1-\sigma_3)$ 中，当 $\varepsilon_a\to0$ 时，$a=[\varepsilon_a/(\sigma_1-\sigma_3)]_{\varepsilon_a\to0}$，在实际中，$(\sigma_1-\sigma_3)/\varepsilon_a$ 定义为初始切线模量，用 E_i 表示，而 a 与 E_i 之间的关系为 $a=1/E_i$。

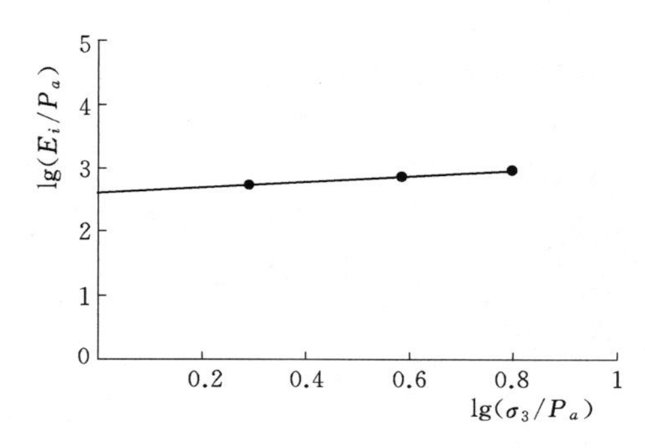

图 3.3 不同围压下 $\lg(E_i/P_a)$ 和 $\lg(\sigma_3/P_a)$ 关系曲线

（2）在做常规三轴试验中发现初始切线模量 E_i 会随着围压 σ_3 的变化而变化，通过引入大气压力 P_a，作出对数 $\lg(E_i/P_i)$ 和 $\lg(\sigma_3/P_a)$ 的关系曲线图，发现两个对数关系曲线趋近一条直线，可根据拟合曲线求出邓肯-张 E－ν 模型参数的 K 值，关系曲线如图 3.3 所示。

由图 3.3 可知 $\lg(E_i/P_a)$ 和 $\lg(\sigma_3/P_a)$ 基本呈现线性关系，会随着围压的增大而初始弹性模量也在增加。引入 P_a 是为了使纵横坐标化为无因次量。

直线的截距为 $\lg K$，斜率为 n，于是有 $\lg(E_i/P_aE)=\lg K+n\lg(\sigma_3/P_a)$。

（3）下面对破坏比参数 R_f 进行推导计算：

参数 R_f 的推导公式为 $R_f=(\sigma_1-\sigma_3)_f/(\sigma_1-\sigma_3)_u$，范围为 0.5～0.95；$(\sigma_1-\sigma_3)_u$ 表示 $\varepsilon_a\to\infty$ 时 $\sigma_1-\sigma_3$ 的值，也就是 $\sigma_1-\sigma_3$ 的渐近值，而 $(\sigma_1-\sigma_3)_u=1/b$。

（4）根据公式 $E_t=\{1-R_f[(\sigma_1-\sigma_3)/(\sigma_1-\sigma_3)_f]\}^2E_i$，每个围压下都有一个切线弹性模量，前面已经将相关的参数进行了推导和计算，由计算结果可知，随着围压的增大，切线弹性模量随着减小。

（5）下面对试验模型参数 G、F 与 D 进行推导和计算，在设置相同轴变的情况下，最终结果会有轴向变形值与其径向变形值相对应，根据试验测定的结果绘制（$-\varepsilon_r/\varepsilon_a$）与 $-\varepsilon_r$ 的关系曲线图，如图 3.4～图 3.6 所示。

每个围压下的切线截距为模型参数 D，不同的围压对于同种材料可求其平均值，得到材料模型参数值；对于泊松比可知，围压增大时，泊松比减小，说明粗粒料体现出剪胀的力学性质。根据求得的结果，拟合出的图像如图 3.7 所示，G 为截距，F 为斜率。

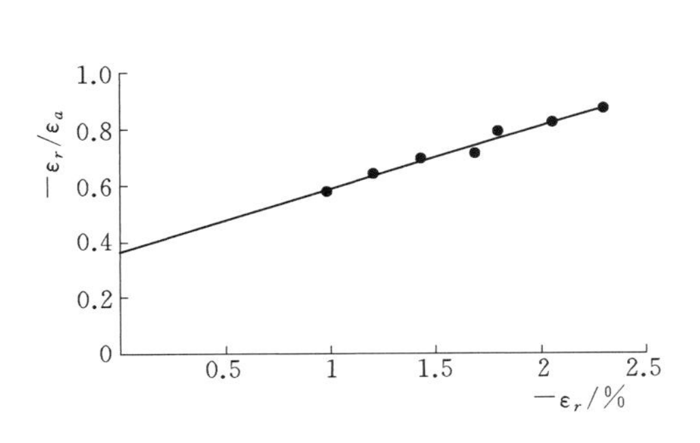

图 3.4 围压 200kPa 时（$-\varepsilon_r/\varepsilon_a$）与$-\varepsilon_r$的关系曲线

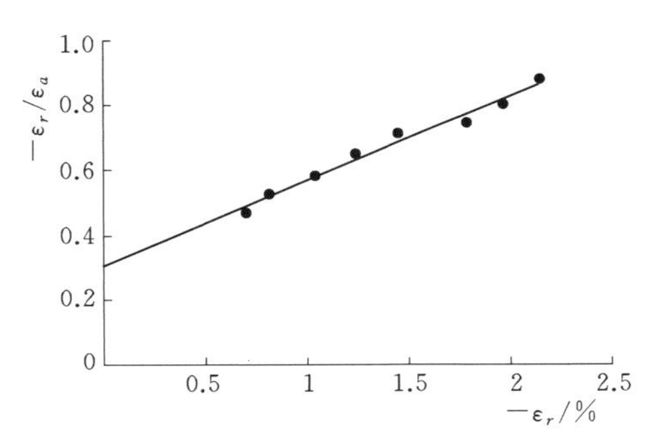

图 3.5 围压 400kPa 时（$-\varepsilon_r/\varepsilon_a$）与$-\varepsilon_r$的关系曲线

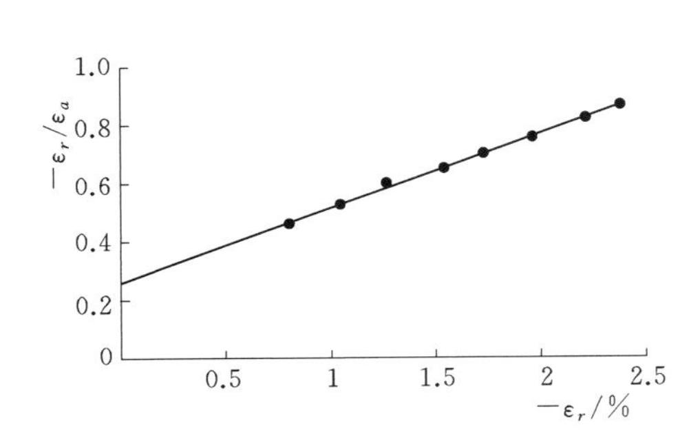

图 3.6 围压 600kPa 时（$-\varepsilon_r/\varepsilon_a$）与$-\varepsilon_r$的关系曲线

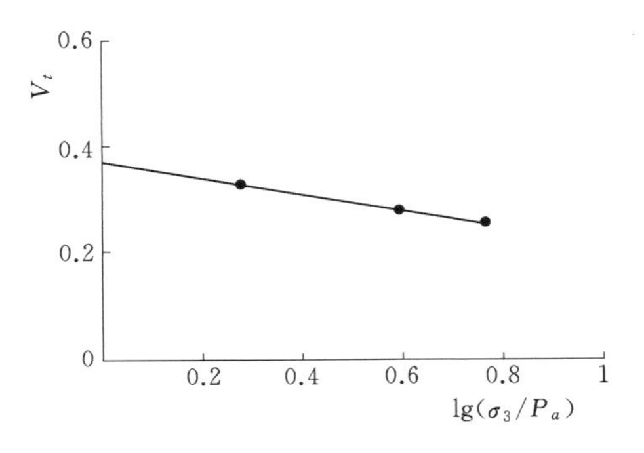

图 3.7 不同围压下的泊松比 v_t 与 $\lg(\sigma_3/P_a)$ 的关系曲线

（6）对于卸载情况，该模型采用回弹模量 E_{ur}进行计算。回弹模量表达式为

$$E_{ur}=K_{ur}P_a\left[\frac{\sigma_3}{P_a}\right]^{n_{ur}} \tag{3.10}$$

式中：K_{ur}为卸载模量基数；n_{ur}为卸载模量指数。当$(\sigma_1-\sigma_3)<(\sigma_1-\sigma_3)_0$，且 $s<s_0$ 时用 E_{ur}，否则用 E_t。

依据邓肯-张模型对卸荷采用下述方法判别：当$(\sigma_1-\sigma_3)<(\sigma_1-\sigma_3)_0$，且 $s<s_0$ 时，单元处于卸荷状态，用 E_{ur}，否则用 E_t。这里 $(\sigma_1-\sigma_3)_0$ 为历史上曾经达到的最大变应力，s_0 为历史上曾经达到的最大应力水平。对卸荷情况，弹性模量用式（3.11）计算。

$$E_{ur}=K_{ur}P_a(\sigma_3/P_a)^n \tag{3.11}$$

3.2.3　参数推导过程总结

在常规三轴试验基础上对邓肯-张 E－ν 模型参数进行推导（表 3.1），步骤如下，分几步对各个参数确定进行总结说明。

表 3.1　　　　邓肯-张 E－ν 模型推导参数

n	φ/(°)	c/kPa	K	R_f	D	G	F
0.42	39.76	1.35	436.52	0.80	0.27	0.38	0.16

（1）求黏聚力 c 与摩擦角 φ 值。在常规三轴试验过程中，设定 3 个不同的围压，每个围压下，试样都剪切到 15%，每个围压下系统都可以画出一个极限莫尔应力圆，3 个莫尔应力圆从小到大排列，系统会自动画出一条公切线，公切线与 y 轴的截距是 c 值，而公切线与 x 轴的夹角是 φ 值，极限莫尔圆的直径为最大偏应力 $(\sigma_1-\sigma_3)_f$。

（2）求 a、b 以及破坏比 R_f。根据试验数据，可以列出 $\varepsilon_a/(\sigma_1-\sigma_3)$ 与 ε_a 的关系曲线，而这两个变量在线性拟合过程中近似直线，那么可以根据直线的斜率和与 y 轴的截距，列出相应的关系式，试验过程中设定了 3 个围压，可以得到 3 条不同但形式一样的直线；有多少不同的围压就有多少条这样的直线，设定 $\varepsilon_a/(\sigma_1-\sigma_3)$ 与 ε_a 关系为 $\sigma_1-\sigma_3=\varepsilon_a/(a+b\varepsilon_a)$，那么 a、b 值就是直线的截距和斜率，a、b 值的倒数为材料初始弹性模量 E_i 和偏应力渐近值 $(\sigma_1-\sigma_3)_u$，而试验测定破坏时的偏应力 $(\sigma_1-\sigma_3)_f$ 是在试样剪切至轴应变 15%所得的最大偏应力值，根据破坏比公式 $R_f=(\sigma_1-\sigma_3)_f/(\sigma_1-\sigma_3)_u$，有多少围压就可以测出多少不同的 $(\sigma_1-\sigma_3)_f$ 与 $(\sigma_1-\sigma_3)_u$，再得出不同的材料的破坏值 R_f，其平均值就是需要的参数 R_f。

（3）求试验模量数 K 和模量指数 n。根据试验数据可以画出 $\lg(E_i/P_i)$ 与 $\lg(\sigma_3/P_a)$ 的关系曲线，这两个变量也是根据前面的拟合结果得出的关系曲线，根据实际的计算结果分析两个变量虽然存在离散现象，但其拟合曲线基本上拟合出了两个的关系趋势，曲线拟合波动比例 R^2 基本上接近于 1，说明两个变量高度拟合。求出的数值 $\lg(E_i/P_i)$ 作为 y 轴的值，求出的数值 $\lg(\sigma_3/P_a)$ 为 x 轴的值，根据不同的围压得到不同的散点拟合出的直线，斜率为 n，截距为 $\lg K$。

（4）求试验模型参数 G、F 与 D。根据三轴试验，在不同的围压下和相同的轴向应变情况下，可以得到相应的轴向变形值以及径向变形值。

（5）根据算出的参数结果，与各个参数的取值范围进行对比，如果在范围内，那么试验符合要求，否则将对试验过程进行整理以及对各个参数重新进行推导找到问题所在。

3.3 邓肯-张模型仿真分析

3.3.1 三轴试验数值模拟

为了验证常规三轴试验推导的模型参数正确性，采用有限元分析对粗粒料试验进行数值模拟，ANSYS作为有限元分析主流软件被用于各个专业领域，推导的是粗粒料的本构关系，ANSYS现有本构模型程序——德洛克-普拉格(Drucker-Prager)模型[8]，但并不适用于模拟土石体的本构关系。到目前为止ANSYS还没有为岩土工程提供比较适用的本构模型，例如：邓肯-张E-ν模型[9]、清华非线性解耦K-G模型[10]、南水模型[11]等，因此用户要根据自己的要求添加合适的本构模型。邓肯-张E-ν模型适合粗粒料的非线性本构关系。本章介绍基于ANSYS的二次开发功能（APDL参数化编程语言），在ANSYS中编辑邓肯-张E-ν模型，实现本构模型在ANSYS中的应用。将算出的模型参数代入程序里面，观察模型的形变，通过数值模拟出的结果分析与实际的试验结果对比，验证参数推导是否正确，为下一步的湿化试验做准备。

1. ANSYS介绍

ANSYS是在结构分析、传热分析、计算流体、热-机械耦合、流体-结构耦合等方面具有优势的有限元分析领域大型通用软件，ANSYS在工业领域以及科研方面取得了巨大的成就[12]。

随着有限元分析方法被很多国家以及学者认同，ANSYS软件已经从诞生的2.0版本发展到19.0版本，并且为了满足不同用户的需求，衍生出了各种源程序（APDL、UPFS、UIDL、TCK/TK）。开发ANSYS软件当初是为了对受力结构进行有限元分析，经过计算机近些年的不断发展，有限元分析在不同领域都得到了广泛应用，使ANSYS分析的问题从平面走向空间，从弹性材料到塑性、复合材料，从固体分析发展到流体分析，以及多种物理场之间的耦合效应，广泛应用于结构工程、土力学、基础工程学、热传导、流体动力学、水利工程学以及水源学、核子工程学、电磁学、生物力学工程问题等一般工业及科学研究领域[13]。ANSYS随着计算机和有关学科的发展，在功能方面也得到了改进和完善，具体包括：结构高度非线性分析、电磁分析、计算流体力学分析、设计优化、接触分析、自适应网格划分及利用ANSYS参数设计语言扩展宏命令等功能。为了快速建立模型以及后面的各种工况分析，ANSYS有一套完整的用户指令集对操作进行指令化，方便又节约时间，ANSYS可以保存建好的模型，方便下次工作的开展，不需要一步一步重复操作，ANSYS可以进行强大的并行运算、可以支持分布式并行及共享内存式并行，还有非线性分析功能，以及可以唯一实现多场及多场耦合分析的软件[14]，这些功能是其他软件无法比拟的优势。

在对物体进行有限元分析过程中，需要执行具体的步骤[15]。

（1）实体建模顺序。ANSYS建模顺序主要分为两种方式：①从模型上部到下部的建模；②从模型下部到上部的建模。

（2）建模原则。通常都是先定义关键点，依次定义具体的点、线、面、体。

（3）定义材料属性。不同的分析部位要给定不同的材料属性，需要最基本的各向同性材料参数包括弹性模量、泊松比、材料密度等。

（4）划分单元格。进行模型求解的前提是对已经建好的模型进行剖分，完成建模、材料属性定义和划分单元格以后就可以进行有限元分析，简化边界条件对模型进行加载和求解了。

有限元分析软件在实际工程中得到了广泛的应用，有限元是基于变分法而发展起来的求解微分方程的数值计算方法[16-17]，该方法以计算机为手段，采用分片近似，进而逼近整体的研究思想求解过程，我国土石坝的数量在所有坝型中是最多的，而且近年来出现了很多高坝，因此关于大坝的应力应变分析显得特别重要，可以通过有限元分析出大坝在不同工况下力和位移变化，但是现在ANSYS中并不包含土石坝材料的本构关系。而ANSYS中APDL语言二次开发窗口，可以编写关于邓肯-张 E-ν 模型的宏文件，并应用于试验中堆石料的应力与变形计算，通过结果分析不同的试验条件下试样的应力和应变的变化规律并与实际的试验结果进行对比。

2. 数值模拟验证结果

图3.8～图3.10为围压200kPa、400kPa和600kPa在施加竖向荷载的情况下，竖向位移在有限元分析中发生的轴向变化。

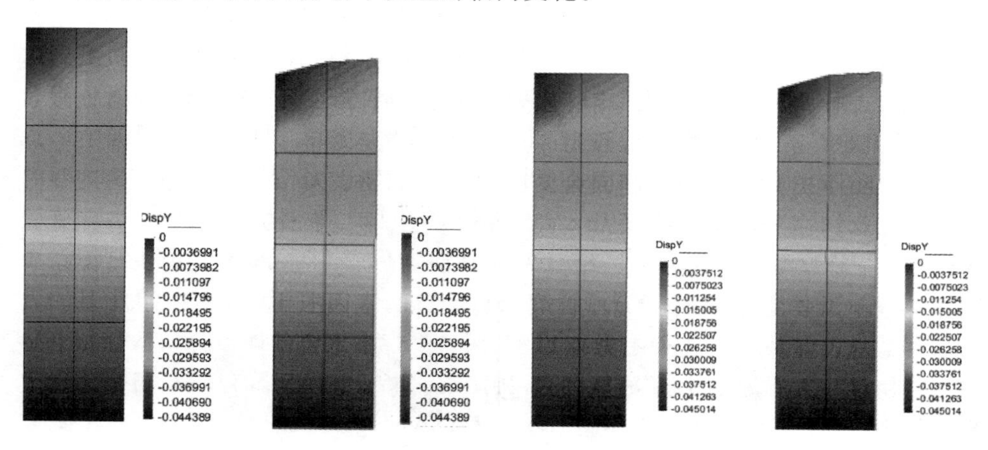

图3.8　200kPa数值模拟分析结果　　　　图3.9　400kPa数值模拟分析结果

有限元分析结果对比见表3.2。

根据有限元分析结果，竖向变形与实际试验结果相似，对比结果相似，说明文章推导的参数基本正确，建立模型合适；建模过程中为了利于有限元应力应变分析，建立矩形模型，在施加力环节，左侧固定，右侧施加围压，如果两侧同时施加围压，那么围压将被抵消，而施加一侧对模拟结果影响不大，因此单侧施压；试样顶部施加荷载，底部固定；数值模拟过程中，将E－ν参数代入有限元模型中，代入相应的弹性模量以及泊松比，施加围压以及试验过程中的轴向力，通过位移数值反映推导参数的准确性，由模拟结果可知，结果符合实际情况。

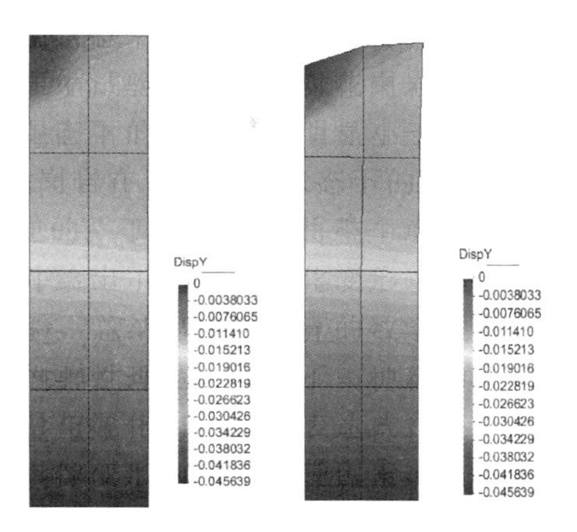

图3.10 600kPa数值模拟分析结果

表3.2 有限元分析结果对比

围压/kPa	200	400	600
试验结果/%	15	15	15
数值模拟结果/%	14.8	15.1	15.2

通过常规三轴试验和有限元分析可以得到如下结论。

（1）在试验过程中，为了准确地描述问题，需要确定试验操作的先后顺序，根据试验要求确定试验标准，做试验过程中，为了验证试验的正确性，同一个试验要多做几组。

（2）在参数推导的过程中，试验数据点可能具有离散性，但是基本趋势应该可以体现出来，后期对试验数据趋势进行分析，需要选择转折节点，即可对后面相关影响因素进行线性拟合；当每个参数推导出来以后要进行范围验证，如果不在范围内，就要对试验过程以及推导过程进行分析。在绘制各个变量的关系图过程中，要注意量级差别，如果量级错误，会对结果产生很大影响。

在进行有限元分析过程中，需要注意的是约束的施加。对于本次有限元分析，模型是圆柱体，进行受力分析，如果侧面全部施加约束，那么对于ANSYS来说会将侧向力抵消，可以通过竖向切割出一个矩形的面施加一个侧面的法向和底部的全约束，分析结果与实际基本一致。

3.3.2 湿化变形试验仿真

3.3.2.1 湿化轴向应变模型

根据粗粒料湿化变形试验得到的数据建立湿化轴向应变和湿化应力水平的数学关系曲线，如图 3.11 所示。

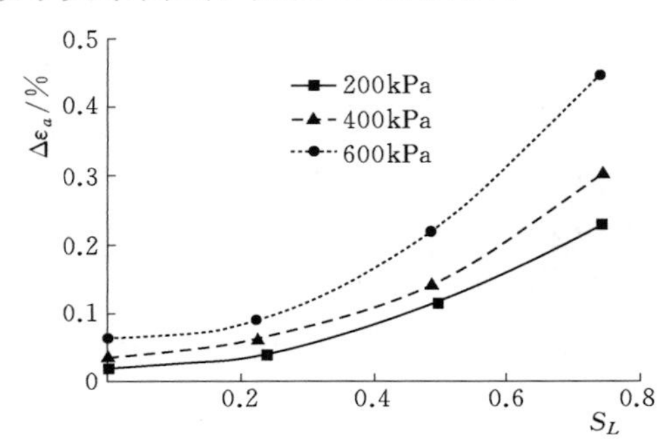

图 3.11 不同围压下湿化轴向应变与湿化应力水平的关系曲线图

由湿化应力水平与湿化轴向应变绘制的图形可知，在相同围压下，随着湿化应力水平的增加，湿化轴向应变随之增加，并且在不同的围压下，都会有这样的趋势；在相同的湿化应力水平下，随着围压的增加，其湿化轴向变形也随之增加。综上所述，说明湿化轴向应变与湿化应力水平有一定的趋势性，可通过线性拟合揭示它们之间的关系。

湿化轴向应变拟合公式为

$$\Delta\varepsilon_a = a_1 e^{b_1 S_L} \tag{3.12}$$

式中：a_1、b_1 为试验拟合参数；$\Delta\varepsilon_a$ 为湿化轴向应变；S_L 为湿化应力水平。

对于湿化公式的提出，粗粒料的轴向应变除了受湿化应力水平的影响以外，还受到围压大小的影响。不同的围压下，湿化剪应变、湿化轴应变、湿化体应变数值上也有很大差别，说明围压对湿化轴向应变影响很大。将围压因素考虑进轴向湿化公式中，是为了更好地描述粗粒料轴向应变的湿化规律。

根据表 3.2 的数据，在不同围压下，画出试验拟合参数 a_1 与 b_1 在不同围压下的拟合图如图 3.12 所示。

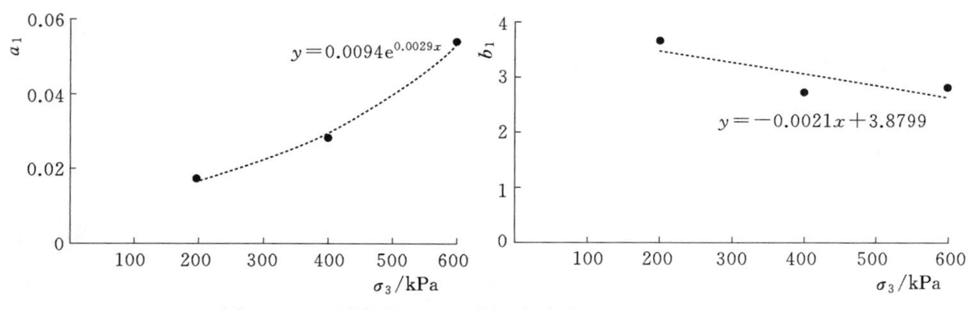

图 3.12 不同围压下试验拟合参数 a_1 与 b_1 拟合图

由图 3.12 可知，在不同的围压下有不同的试验拟合参数，根据试验拟合参数 a_1、b_1 和设定的围压关系，可以拟合出相应的关系曲线；试验拟合参数 a_1 与相应的围压呈指数关系，试验拟合参数 b_1 与相应的围压呈线性关系。

根据本章提出的湿化轴向模型，试验拟合参数 a_1、b_1 是曲线关系，可以将引入围压对试验拟合参数 a_1、b_1 进行拟合：

$$a_1=f_1 e^{g_1\sigma_3} \tag{3.13}$$

$$b_1=f_2\sigma_3+g_2 \tag{3.14}$$

式中：f_1、g_1、f_2、g_2 为拟合参数；σ_3 为围压。

因此湿化轴向应变的试验公式为

$$\Delta\varepsilon_a=f_1 e^{g_1\sigma_3} e^{(f_2\sigma_3+g_2)S_L} \tag{3.15}$$

本章试验数据以及后面的试验拟合参数推导出了湿化轴向应变的试验模型公式，为了验证公式的合理性，后面根据建立的湿化试验公式代入到其他试验结果中进行对比，判断湿化模型的合理性。

3.3.2.2 湿化体积应变模型

根据粗粒料湿化变形试验得到的数据建立了湿化体积应变和湿化应力水平的数学关系曲线，如图 3.13 所示。

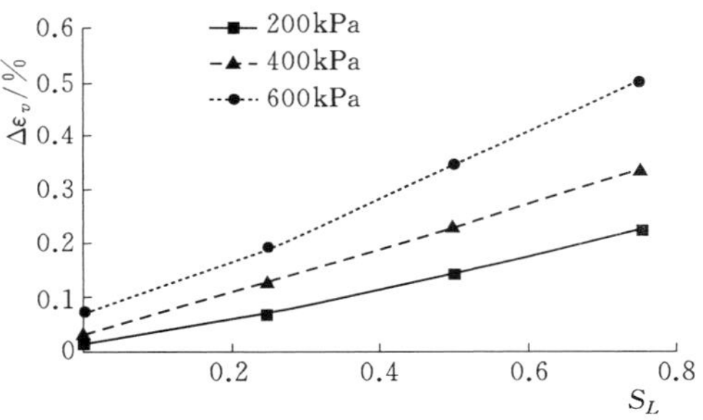

图 3.13　不同围压下湿化体积应变和湿化应力水平的关系曲线图

由图 3.13 可知，在相同的围压下，随着湿化应力水平的增加，湿化体积应变也在增加；在相同湿化应力水平下，粗粒料的湿化体积应变随着围压的增大而增大；而在不同的围压下基本上反映出相同的特征，湿化体积应变与湿化应力水平基本呈线性相关，这为湿化体积应变公式的提出找到了依据。湿化体积应变拟合公式为

$$\Delta\varepsilon_v=a_2+b_2 S_L \tag{3.16}$$

式中：$\Delta\varepsilon_v$ 为湿化轴变；S_L 为湿化应力水平；a_2、b_2 为试验拟合参数。

对于湿化公式的提出，粗粒料的湿化体积应变除了受湿化应力水平的影响以外，还受到围压大小的影响；不同的围压下，湿化剪应变、湿化轴应变、湿化体应变数值上也有很大差别，说明围压对湿化变形影响很大，将围压因素考虑进粗粒料体积湿化公式中，为了更好地描述粗粒料体积应变的湿化规律。对湿化体积模型的试验拟合参数 a_2 在考虑围压情况下进行线性拟合，如图 3.14 所示。

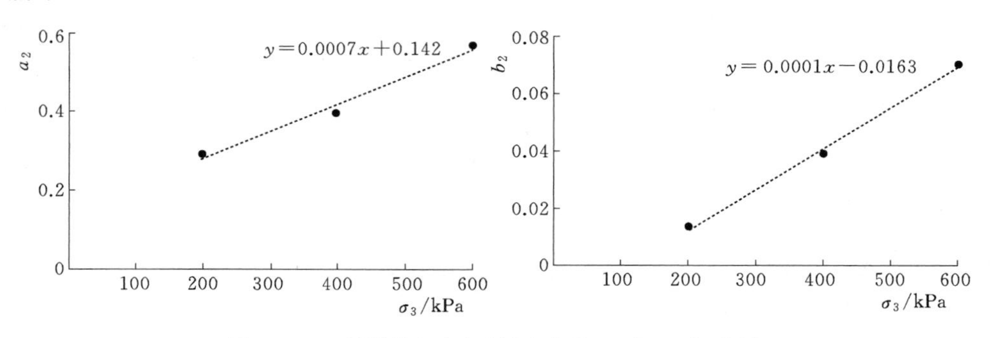

图 3.14　不同围压下试验拟合参数 a_2 与 b_2 拟合图

由图 3.14 可知，在不同的围压下有不同的试验拟合参数，根据试验拟合参数 a_2、b_2 与设定的围压关系，可以拟合出相应的关系曲线，试验拟合参数 a_2 与相应的围压呈线性关系，试验拟合参数 b_2 与相应的围压呈线性关系。

根据本章提出的湿化体积应变模型试验参数 a_2、b_2 是指数关系，可以将引入围压对试验参数 a_2、b_2 进行拟合。

$$a_2=f_3\sigma_3+g_3 \tag{3.17}$$

$$b_2=f_4\sigma_3+g_4 \tag{3.18}$$

式中：f_3、g_3、f_4、g_4 为拟合参数；σ_3 为围压。

因此湿化体积应变的试验公式为

$$\Delta\varepsilon_v=(f_3\sigma_3+g_3)+(f_4\sigma_3+g_4)S_L \tag{3.19}$$

本章试验数据以及后面的试验拟合参数推导出了湿化轴向应变的试验模型公式，为了验证公式的合理性，根据本章建立的湿化试验公式代入到其他试验结果中进行对比，判断湿化模型的合理性。

3.3.2.3　模型计算结果与试验结果对比

本节将试验变量代入试验结果拟合出的模型公式中，得到对应的应变值；通过对比试验得到的关系曲线与模型公式计算得到的关系曲线，将两者进行拟合，根据拟合程度来验证模型公式的合理性，验证结果如图 3.15 所示。

试验和模型公式计算得到的粗粒料在湿化作用下的应力水平-轴变与应力水平-轴体变的关系曲线，如图 3.15 所示。由图可知，由试验和模型公式计算所得的粗粒料的应变-关系曲线拟合得较好，说明本章提出的模型公式符合粗粒料湿化规律。

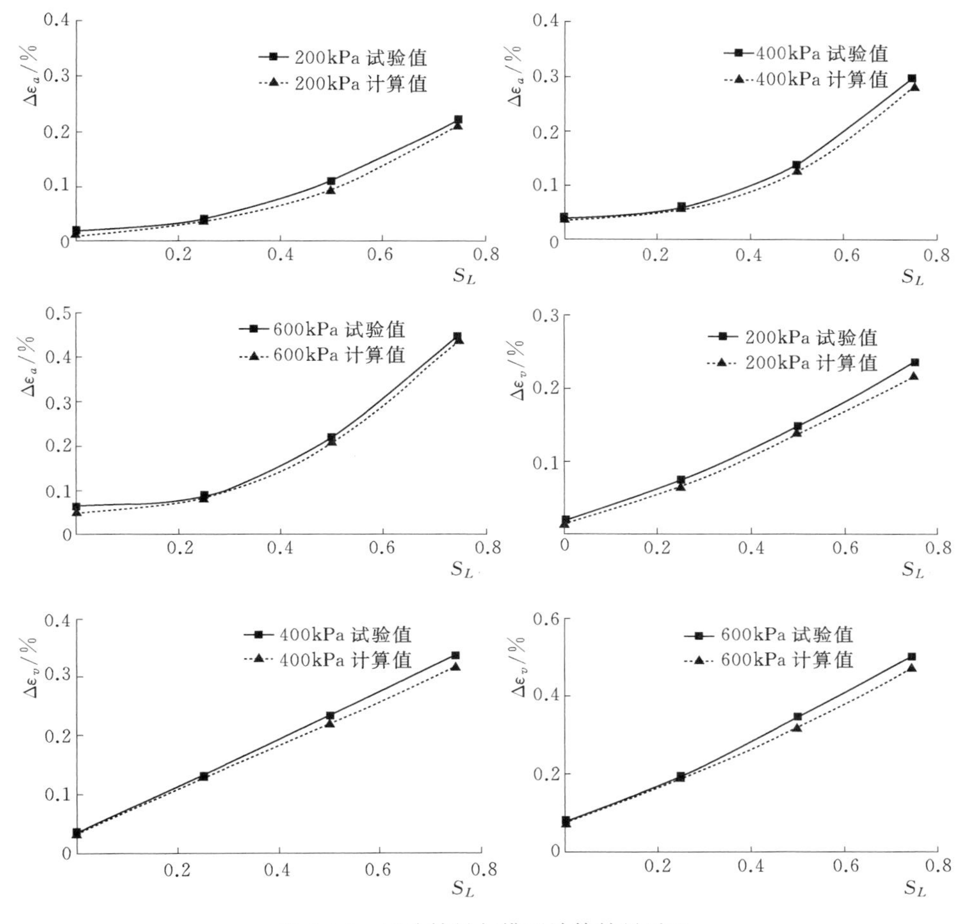

图 3.15 试验结果与模型计算结果对比

3.4 结　　论

为了探究粗粒料的湿化变形特性，本章通过湿化试验对粗粒料的湿化特性规律进行了总结，通过试验现象和湿化结果得到了如下结论：

(1) 在进行粗粒料湿化试验时，需要控制各个变量，明确研究的对象，忽略次要影响，这样可以针对性地对影响因素进行研究。

(2) 在进行湿化试验时，经过水的浸泡，粗粒料发生了软化而导致试样错动下沉，这与土石坝内部浸水以后发生湿化的现象相吻合，很好地反映了粗粒料湿化变形的规律。

(3) 在相同的围压下，随着湿化水平的增加，试样的湿化轴变和湿化体变都在增加，呈指数和线性变化。在相同的湿化应力水平下，随着围压的增加，试样的湿化轴变和湿化体变也在增加。

（4）粗粒料的停机标准和稳定标准对于最后的试验结果影响很大，因此要严格控制各个试验段的时间。

（5）根据一系列的粗粒料湿化试验结果拟合出相应的湿化模型公式，在一定条件下能反映粗粒料的湿化变形规律；通过模型验证，曲线拟合度较好，说明本章提出的模型具有准确性，为下一步对粗粒料湿化变形研究奠定了基础。

本章参考文献

[1] ROSCOE K H.，BURLAND J B. On the Generalized Stress - Strain Behavior of Wet Clay [J]. Engineering Plastisity，1968，40（3）：535 - 609.

[2] DRUCKER D C，PRAGER W. Soil mechanics and plastic analysis or limit design [J]. Quarterly of applied mathematics，1952，10（2）：157 - 165.

[3] 沈珠江. 土体结构性的数学模型——21世纪土力学的核心问题 [J]. 岩土工程学报，1996，18（1）：95 - 97.

[4] 程展林，丁红顺，姜景山，等. 粗粒土非线性剪胀模型研究 [J]. 岩土工程学报，2010，32（3）：460 - 467.

[5] 孙益振. 基于三轴试样局部变形测量的土体应力应变特性研究 [D]. 大连：大连理工大学，2006.

[6] 王晓波. 岩石材料的蠕变实验及本构模型研究 [D]. 重庆：重庆大学，2016.

[7] 缪林昌，殷宗泽，刘松玉. 非饱和膨胀土强度特性的常规三轴试验研究 [J]. 东南大学学报（自然科学版），2000，30（1）：121 - 125.

[8] 于家武. 岩石破坏的（Drucker - Prager）准则和修正的 Drucker - Prager 准则理论的探讨 [J]. 科技风，2009（10）：89 - 89.

[9] 朱俊高，周建方. 邓肯-张 E - ν 模型与 E - B 模型的比较 [J]. 水利水电科技进展，2008（1）：4 - 7.

[10] 高莲士，汪召华，宋文晶. 非线性解耦 K - G 模型在高面板堆石坝应力变形分析中的应用 [J]. 水利学报，2001（10）：1 - 7.

[11] 司海宝，化西婷. 南水模型在 ABAQUS 中的实现及在工程中的应用 [J]. 南水北调与水利科技，2010（1）：52 - 55.

[12] 朱崇诚. 大型海上平台滑移装船有限元分析 [D]. 天津：天津大学，2004.

[13] ZHU Qundong，WU Weidong，YANG Yingying，et al. Finite element analysis of heat transfer performance of vacuum glazing with low - emittance coatings by using ANSYS [J]. Energy & Buildings，2020，206（1）：1 - 10.

[14] HUANG Qiguo，WANG Hongwei，HAO Shaohua，et al. Design and Fabrication of a High - Frequency Single - Directional Planar Underwater Ultrasound Transducer [J]. Sensors (Basel，Switzerland)，2019，19（19）：16 - 21.

[15] 徐延雪. 实体建模的若干问题研究 [D]. 西安：西安电子科技大学，2014.

[16] SCHOFIELD A，WROTH P. Critical state soil mechanics [M]. London：McGraw - Hill，1968.

[17] ZENON Mróz，WEICHERT D，DOROSZ S. Inelastic behaviour of structures under variable loads [J]. Springer Science & Business Media，1995，36 (1)：230.

第 4 章　基于 P-Z 模型的材料试验仿真分析

4.1　P-Z 模　型

考虑到岩土材料的特殊性，Pastor 和 Zienkiewicz 在广义塑性力学理论的基础之上进行拓展，提出了一种新的土的本构模型：P-Z 模型[1]。Pastor 等[2]基于此模型修改并提出了关于地震动荷载下的砂土非结合模型。张宏洋等[3-4]基于 P-Z 模型提出了新的高土石坝坝坡的静动力稳定分析并验证了准确性。李宏恩等[5]对于 P-Z 模型计算无黏性土围压及密实度时，所需参数计算进行优化且与试验结果对比吻合。张晨辉等[6]基于 P-Z 模型对堆石坝的应力特性进行计算并与实际情况符合。国外方面，Erich[7]根据 Gudehus 和 Bauer 提出的亚塑性本构模型是根据风化状态引入固体硬度来扩展的。扩展模型考虑了电流密度、有效应力状态、变形速率以及随时间变化的固体硬度退化过程的影响。Erich 认为湿化变形与蠕变变形是一个同时的过程，但湿化变形对第一次蓄水时变形影响较大，在之后的变形中，蠕变占更大比例。这种思想是国内外普遍认可的。Fu Zhongzhi 等[8]首先在广义塑性（P-Z 模型）的框架下，统一描述了永久应变的滞回行为和累积过程；其次所有加载阶段都被视为弹塑性过程，使得主应力空间中不存在纯弹性区域；最后引入两个考虑硬化效应的时效函数有助于控制永久应变的大小。以上研究证明了 P-Z 模型[9]可以很好地反映循环加载下土的应变特性。为 P-Z 模型的广泛应用打下良好基础。

P-Z 模型将应变表达式为

$$d\varepsilon = \sum_{m=1}^{M} (D^{-1})^{m} d\sigma \tag{4.1}$$

引入矩阵 C，令其为矩阵 D 的逆矩阵，将式（4.1）展开为

$$d\varepsilon = \sum_{m=1}^{M} C^{e(m)} d\sigma + \sum_{m=1}^{M} \frac{1}{H_{+/-}^{m}} [n_{g+/-}^{m} \otimes n^{m}] d\sigma \tag{4.2}$$

得到最终的 P-Z 模型的原理表达式（4.2）。引入的加载，卸载时的塑性势方向矢量（n_{g+}，n_{g-}）；加载、卸载时的塑性模量（H_{+}，H_{-}）；应力方向矢量（n）等参数，将结合本次研究进行详细计算。

首先本章引入应力、应变不变量，应力不变量包括轴向应力 p'、剪应力 q、

罗德角 $\theta \in \left(-\frac{\pi}{6}, \frac{\pi}{6}\right)$。根据有限元基本原理，有以下计算公式：

$$p' = -I_1,\ q = \sqrt{3J_2},\ \theta = -\frac{1}{3}\arcsin\left(\frac{3\sqrt{3}}{2}\frac{J_3}{J_2^{3/2}}\right) \tag{4.3}$$

$$J_2 = \frac{1}{3}(I_1^2 - 3I_2)$$

$$J_3 = \frac{1}{27}(2I_1^3 - 9I_1I_2 + 27I_3)$$

式中：I_1 为应力矩阵的主对角线之和；I_2 为应力矩阵余子式之和；I_3 为应力矩阵的行列式结果。

相应应变不变量体应变 ε_v 和剪应变 ε_s，引入 Kronecker 指标 δ_{ij}（当 $i=j$ 时，$\delta_{ij}=1$；当 $i \neq j$ 时，$\delta_{ij}=0$），则有以下公式：

$$\mathrm{d}\varepsilon_v = \mathrm{d}\varepsilon_{ii},\ \mathrm{d}\varepsilon_s = \frac{2}{3}\left(\frac{1}{2}\mathrm{d}e_{ij}\mathrm{d}e_{ji}\right)^{1/2} \tag{4.4}$$

式中：$\mathrm{d}e_{ij} = \mathrm{d}\varepsilon_{ij} - \frac{1}{3}\delta_{ij}\mathrm{d}\varepsilon_{kk}$。有效平均主应力 p' 及广义剪应力 q 的增量形式有以下公式：

$$\left.\begin{aligned} \mathrm{d}p' &= \frac{1}{3}(\mathrm{d}\sigma_1' + 2\mathrm{d}\sigma_3') \\ \mathrm{d}q &= \mathrm{d}\sigma_1' - \mathrm{d}\sigma_3' \end{aligned}\right\} \tag{4.5}$$

其对应的体应变与剪应变的增量有

$$\left.\begin{aligned} \mathrm{d}\varepsilon_v &= \mathrm{d}\varepsilon_1 + 2\mathrm{d}\varepsilon_3 \\ \mathrm{d}\varepsilon_s &= \frac{2}{3}(\mathrm{d}\varepsilon_1 - \mathrm{d}\varepsilon_3) \end{aligned}\right\} \tag{4.6}$$

前文我们假设了加载和卸载的塑性势方向矢量 n_{g+}，n_{g-}，在二维平面即 (p, q) 空间中，以加载方向为例：$n_{g+} = (n_{g+}^p, n_{g+}^q)^{\mathrm{T}}$

$$\left.\begin{aligned} n_{g+}^p &= (1+\alpha_g)(M_g - \eta) \\ n_{g+}^q &= 1 \end{aligned}\right\} \tag{4.7}$$

式中：η 为应力比（$\eta = q/p$）；α_g 为材料常数；M_g 为临界状态线的斜率。M_g 满足式（4.8）。

$$M_g = \frac{6\sin\varphi}{3 - \sin\varphi\sin 3\theta} \tag{4.8}$$

式中：φ 为内摩擦角；θ 为罗德角。且由式（4.7）不难看出塑性势方向并非根据塑性势面确定，可以通过式（4.9）积分得到。

$$G = q - M_g p\left(1 + \frac{1}{\alpha_g}\right)\left[1 - \left(\frac{p}{p_g}\right)^{\alpha_g}\right] = 0 \tag{4.9}$$

式中：p_g 为积分常数，与塑性势面的大小有关，与塑性势方向 n_{g+} 无关。

通过以上推导，将二维空间扩展到三维空间（p，q，θ）中，即 $n_{g+}=(n_{g+}^p, n_{g+}^q, n_{g+}^\theta)^T$。而其中第三方向矢量由塑性势面与罗德角的偏导得到，即

$$n_{g+}^\theta=\frac{\partial G}{\partial \theta}=-\frac{1}{2}qM_g\cos 3\theta \tag{4.10}$$

同理推求卸载方向只是在轴向上即（p）方向为加载方向矢量的相反数。即

$$n_{g-}=(n_{g-}^p, \eta_{g-}^q, n_{g-}^\theta)^T \tag{4.11}$$

其中

$$\begin{cases} n_{g-}^p=-|n_{g+}^p| \\ n_{g-}^q=n_{g+}^q \\ n_{g-}^\theta=n_{g+}^\theta \end{cases} \tag{4.12}$$

试验中加载与卸载的方向矢量 n 与塑性势方向矢量 $n_{g+/-}$ 讨论方法相同，即

$$n=(n^p, n^q, n^\theta)^T \tag{4.13}$$

其中

$$\begin{cases} n^p=(1+\alpha_f)(M_f-\eta) \\ n^q=1 \\ n^\theta=-\frac{1}{2}qM_f\cos 3\theta \end{cases} \tag{4.14}$$

式中：α_f、M_f 为常数。若假设为相关联本构关系，则 $\alpha_f=\alpha_g$，$M_f=M_g$。这种本构关系是理想状态的弹塑性模型，即弹塑性矩阵为对称矩阵。然而对于堆石料而言，其本身的散粒体结构并不符合对称矩阵的要求，这就要求采用非关联性流动假设，其中 Pastor 提出 $D_r \approx M_f/M_g$ 的关系来建立 M_f、M_g 的关系。同理从式（4.14）同样可以得到屈服面的公式，即通过对加载方向积分得到式（4.15）。

$$F=q-M_f p\left(1+\frac{1}{\alpha_f}\right)\left[1-\left(\frac{p}{p_f}\right)^{\alpha_f}\right]=0 \tag{4.15}$$

同理 p_f 为积分常数，与屈服面的大小有关，与 n 无关。

假设出的加卸载塑性模量 $H_{+/-}$ 的具体公式如式（4.16）。

$$H_+=H_0 p\left(1-\frac{\eta}{\eta_f}\right)^4(H_v+H_s)\left(\frac{\eta}{\eta_{\max}}\right)^{-\gamma_{DM}} \tag{4.16}$$

式中：η_f 为 $\left(1+\frac{1}{\alpha_f}\right)M_f$；$H_v$ 为 $\left(1-\frac{\eta}{M_g}\right)$；$H_s$ 为 $\beta_0\beta_1\exp(-\beta_0\xi)$；$\xi$ 为累计偏应变，则其积分表达式为

$$\xi=\int|\mathrm{d}\varepsilon_s| \tag{4.17}$$

上述公式中，H_0、β_0、β_1 均为材料参数；塑性变形将随应力比值的增加而增加，但通过 $\left(1-\frac{\eta}{\eta_f}\right)^4$ 可知，随应力比值的增加，塑性变形的增量呈指数性递

减。当达到临近状态时，即 $\eta=M_f$，则 $H_v\to 0$，不难看出 H_v、M_f 是塑性模量的函数，且 H_v 代表了塑性模量中体积应变模量的函数。H_s 为反偏应变的塑性模量函数，从公式中易得随着偏应变的不断累积，H_s 逐渐趋近于0。随着应力比值的增大，整体加载塑性模量 H_+ 的增量在不断减小，$\left(\frac{\eta}{\eta_{\max}}\right)^{-\gamma_{DM}}$ 中 γ_{DM} 为一个递减的函数。当土体接近于破坏状态，即 H_s、H_v 趋近于0时，H_+ 达到最大值，通过 $H_0 p$ 来保证 H_+ 随着 p 的增大而增大。通过（H_s+H_v）来保证无论是体应变先达到破坏，还是轴应变先达到破坏，其应力路径第一次通过临界状态线并不意味着立即破坏。

引入二次加载时，其土体本身已经处于超固结状态，在此状态下加载时，我们引入反映土体应力历史的记忆函数 H_{DM}，定义 H_{DM} 含有反映应力状态调整的参数 ζ，和反映不同状态下的材料参数 γ。其表达式为

$$H_{DM}=\left(\frac{\zeta_{\max}}{\zeta}\right)^{\gamma} \tag{4.18}$$

Pastor 认为应力状态调整参数 ζ 满足：

$$\zeta=p\left[1-\left(\frac{1+\alpha}{\alpha}\right)\frac{\eta}{M_g}\right]^{1/\alpha} \tag{4.19}$$

最终加载时的塑性模量可表示为

$$H_+=H_0 p\left(1-\frac{\eta}{\eta_f}\right)^4(H_v+H_s)\left(\frac{\eta}{\eta_{\max}}\right)^{-\gamma_{DM}}H_{DM} \tag{4.20}$$

对于土体卸载过程而言，其塑性形变与加载过程原理基本相同，卸载时出现的应力比值越高，塑性变形也将越大，卸载时的塑性模量可表示为

$$\begin{cases} H_-=H_{uo}\left(\dfrac{\eta_-}{M_g}\right)^{-\gamma_-} & \left|\dfrac{M_g}{\eta_-}\right|>1 \\ H_-=H_{uo} & \left|\dfrac{M_g}{\eta_-}\right|\leqslant 1 \end{cases} \tag{4.21}$$

式中：H_{uo}、γ_- 为材料参数。

式（4.21）以 $\left|\frac{M_g}{\eta_-}\right|$ 为临界状态，$\left|\frac{M_g}{\eta_-}\right|>1$ 表示其卸载时的应力比并未达到临界状态，卸载过程需要考虑应力状态与临界状态的关系。$\left|\frac{M_g}{\eta_-}\right|\leqslant 1$ 表示此时土体是处于破坏状态，其塑性模量直接用材料参数表示即可。无论式样处于卸载状态还是加载状态，其材料参数 $H_0=\frac{1+e}{\lambda-\kappa}$。

在P-Z模型中将弹性模量分为体积模量 K 和剪切模量 G，其与平均应力 p 呈线性变化：

$$K=K_{evo}p,\ G=G_{eso}p \tag{4.22}$$

式中：K_{evo}、G_{eso}为弹性模量参数。

P-Z 模型共有 12 个参数，可以通过广泛使用的固结排水试验、固结不排水试验及排水循环加载试验，将 12 个参数分为有量纲和无量纲两类。无量纲参数 8 个，M_g、M_f、α_g、α_f、β_0、β_1、H_0、γ_{DM}和有量纲参数 4 个 H_{u0}、γ_u、K_{evo}、G_{eso}。其中 K_{evo}、G_{eso}、α_g、M_g、H_0 可由试验确定，成为直接参数。剩余参数由计算出的 5 个参数及经验推导计算求得，称为间接参数。P-Z 模型既可以模拟土体材料的静力特性也可以模拟土体材料的动力特性，涉及静力特性参数 9 个，包括 M_g、M_f、α_g、α_f、β_0、β_1、H_0、K_{evo}、G_{eso}。而动力参数则在静力特性 9 个参数的基础上加上 H_{u0}、γ_{DM}、γ_u 3 个。

4.1.1 直接参数的计算

对于 P-Z 模型，直接参数为由试验数据进行理论推导计算求得的参数，静力学 P-Z 模型参数有 5 个，分别是 K_{evo}、G_{eso}、α_g、M_g、H_0。

1. K_{evo}的确定

参数 K_{evo}可以根据试验数据进行转化求得

$$K_{evo}=\frac{1+e_0}{\kappa}p_0 \tag{4.23}$$

式中：e_0 为空隙比；κ 为试验数据在 $e-\ln p$ 平面内的斜率；p_0 为大气压。

试验初始孔隙比可根据《土工试验规程》(SL 237—1999) 得到

$$e_0=\frac{\rho_w G_s(1+0.01\omega_0)}{\rho_0}$$

本次试验的 $e_0=0.47$。

常规三轴试验中，只能得到加载时的应力-应变曲线关系及相关数据，由于没有卸载数据，无法得到卸载时 κ。通常情况下，粗粒料并不是弹塑性材料，且只有在高压状态下才能显示出其弹性特性。P-Z 模型中，将弹性模量与塑性模量分开计算的优点在于能更好地计算各状态下参数。将试验所得数据绘制等向压缩曲线图，并反向延长高压状态下数据点，得到其卸载曲线，如图 4.1 所示。

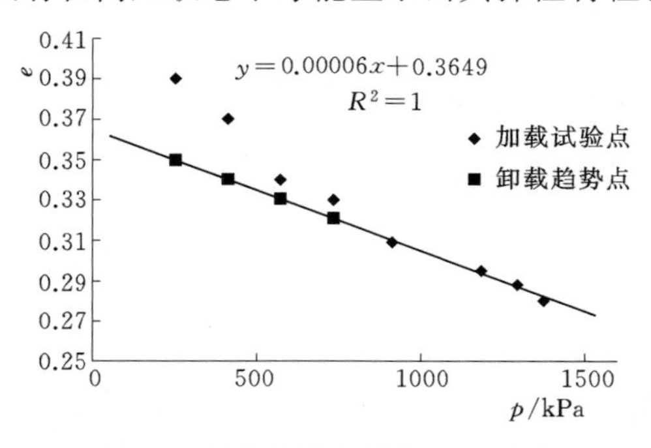

图 4.1 粗粒料等向压缩 $e-p$ 曲线

通过图 4.1，以压缩试验高应力状态下的点为基础，反向拟合曲线生成低压状态下的数据点，其拟合公式为 $y=0.00006x+0.3649$；通过计算得到对应应力状态下卸载曲线上相应的孔隙率 e 和轴向应力 p。通过对数变换得到 $e-\ln p$ 曲线见图 4.2。

简化图 4.2 数据，将正常固结曲线在高围压段、卸载曲线在低围压段进行拟合，得到简化后的曲线如图 4.3 所示。

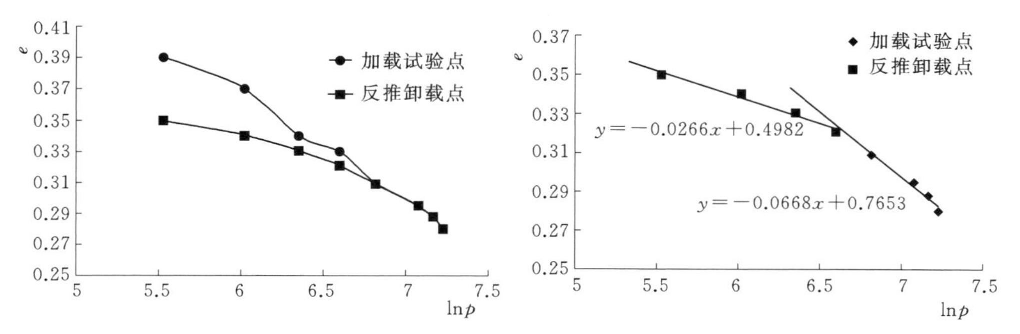

图 4.2　粗粒料等向压缩 $e-\ln p$ 曲线　　　图 4.3　加载-卸载拟合曲线

从图 4.3 中得到正常固结趋势公式为 $y=-0.0668x+0.7653$。卸载曲线趋势公式为 $y=0.0266x+0.4982$。正常固结趋势的斜率即为 $\lambda=0.0668$，卸载曲线斜率即为 $\kappa=0.0266$。将 λ、κ 代入式（4.23）得

$$K_{evo}=\frac{1+e_0}{\kappa}p_0=\frac{1+0.47}{0.0266}\times 101=5581\text{kPa}$$

2. G_{eso} 的确定

在弹性情况下，根据胡克定律有

$$\begin{cases}\delta\varepsilon_v=\dfrac{1}{K}\delta p\\[2ex]\delta\varepsilon_s=\dfrac{1}{3G'}\delta q\end{cases}\tag{4.24}$$

其中 $K_{evo}=K_0$，$G_{eso}=3G'_0$，针对弹性材料有式（4.25）为

$$\frac{G'}{K}=\frac{E}{2(1+\nu)}\frac{3(1-2\nu)}{E}=\frac{3(1-2\nu)}{2(1+\nu)}\tag{4.25}$$

联立式（4.23）和式（4.25），并考虑到 $K_{evo}=K_0$，可得

$$G'=\frac{(1+e)\rho}{\kappa}\frac{3(1-2\nu)}{2(1+\nu)}\tag{4.26}$$

将式（4.26）代入式（4.24）得式（4.27）

$$\delta\varepsilon_s=\frac{\kappa}{(1+e)_p}\frac{2(1+\nu)}{9(1-2\nu)}\delta q\tag{4.27}$$

根据式（4.27）中剪应变与剪应力的关系，可以得到初始剪切模量：

$$G_{eso}=\frac{(1+e)p_0}{\kappa}\frac{9(1-2\nu)}{2(1+\nu)}=\frac{9(1-2\nu)}{2(1+\nu)}K_{evo} \tag{4.28}$$

假定土体泊松比为常数，在三轴试验下满足如下关系：

$$\begin{cases}p=\dfrac{1}{3}(\sigma_1+2\sigma_3)\\ q=-(\sigma_1-\sigma_3)\end{cases}\begin{cases}\varepsilon_v=\varepsilon_1+2\varepsilon_3\\ \varepsilon_s=\dfrac{2}{3}(\varepsilon_1-\varepsilon_3)\end{cases} \tag{4.29}$$

试验测得不同围压下三轴压缩轴向应变与体应变关系曲线，绘制图4.4。

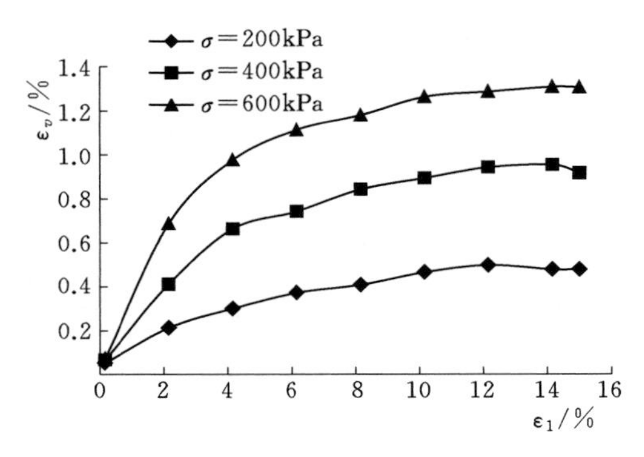

图4.4 不同围压下轴向应变与体应变关系曲线

转变式（4.29）可得式（4.30）：

$$\varepsilon_3=\frac{1}{2}(\varepsilon_v-\varepsilon_1) \tag{4.30}$$

将试验数据轴向应变 ε_1 和体应变 ε_v 代入式（4.30）并得到轴向应变 ε_1 和侧向应变 ε_3 关系曲线，绘制图4.5侧向应变与轴向应变关系曲线图。根据图4.5所示信息，侧向应变与轴向应变基本呈线性关系，得到在200kPa围压下关系曲线 $\varepsilon_3=-0.4869\varepsilon_1+0.0766$；400kPa围压下关系曲线 $\varepsilon_3=-0.4748\varepsilon_1+$

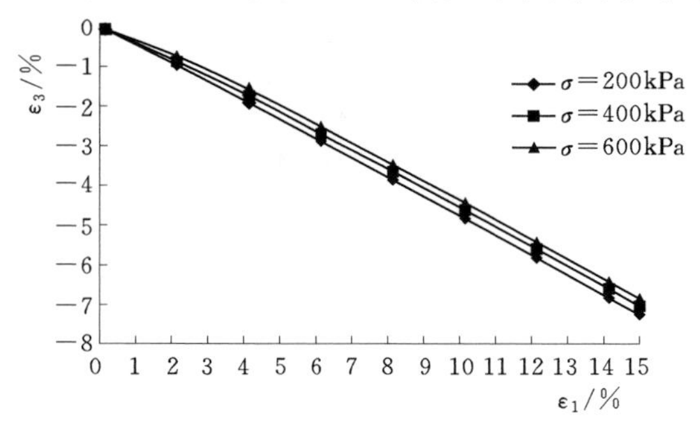

图4.5 侧向应变与轴向应变关系曲线

0.1553；600kPa 围压下关系曲线 $\varepsilon_3=-0.4669\varepsilon_1+0.2446$。根据公式 $\nu=-\dfrac{\delta\varepsilon_3}{\delta\varepsilon_1}$，该曲线的斜率即为土体材料的泊松比。即 $\nu=\dfrac{1}{3}\times(0.4748+0.4669+0.4869)=0.4762$。当材料为弹性时，泊松比为 0.4762。但土体的弹性表象并不明显，在弹性材料的基础上引入修正系数。修正参数约为 0.2，加入修正参数后的泊松比约为 0.1，求得 $G_{eso}=18493.40$kPa。

3. M 的确定

M 为临界状态线[10]，根据 Pastor，Zienkiewicz 等描述，其实际含义是反映土颗粒在不同围压下达到极限强度时刻的轴应力与偏应力关系曲线的斜率。根据试验数据图 4.6，按照式（4.29）整理试验最大破坏值，分别计算主应力 p 和偏应力 q。提取临界状态数据绘制图 4.7。

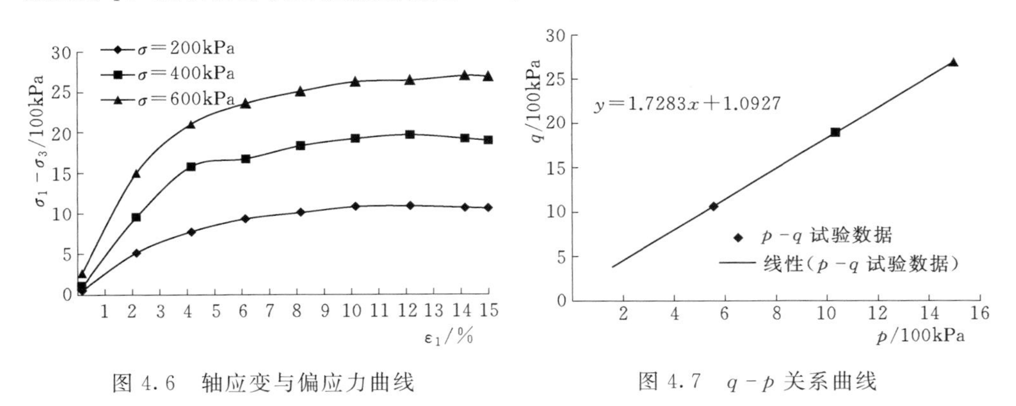

图 4.6 轴应变与偏应力曲线　　　　图 4.7 $q-p$ 关系曲线

根据图 4.7，得到 $q-p$ 关系曲线函数为 $q=1.7283p+1.0927$，曲线函数的斜率即为所求值 M，$M=1.73$。根据广义塑性力学中所述有关加卸载方向矢量参数关系可得：$M_g=1.73$，$M_f=D_rM_g=0.56\times1.73=0.97$，式中 D_r 为土的相对密度。

4. H_0 的确定

H_0 可根据式（4.30）计算得到

$$H_0=\frac{1+e_0}{\lambda-\kappa} \tag{4.31}$$

式中：λ、κ 可从图 4.4 中得到；e_0 为初始孔隙比。

计算得到 $H_0=34.83$。

5. α_g 的确定

α_g 可由膨胀率与应力比值的关系曲线决定。

4.1.2 间接参数的计算

上节计算给出了可直接通过三轴压缩试验数据计算得到参数 K_{evo}、G_{eso}、M、H_0。本节将给出 M_f、α_f、β_0、β_1 间接参数的计算。所谓间接参数，是指由直接参数计算或理论经验计算求得的参数。

1. 参数 M_f、α_f

广义塑性模型将塑性应变方向矢量 n_g，和应力增量的方向矢量 n 区分表示，则代表了所述的不相关联的塑性流动准则，反映在刚度矩阵中代表其不对称性；若 n_g 和 n 相同，则代表了相关联的流动准则，也使其刚度矩阵具有对称性；M_f 为常数。若假设为相关联本构关系，则 $M_f=M_g$。

这种本构关系是理想状态的弹塑性模型，即弹塑性矩阵为对称矩阵。然而对于堆石料而言，其本身的散粒体结构并不符合对称矩阵的要求，这就要求采用非关联性流动假设，其中 Pastor 提出 $D_r\approx M_f/M_g$ 的关系来建立 M_f、M_g 的关系。同理可得公式 $D_r\approx\alpha_f/\alpha_g$，但在粗粒料静三轴试验模拟计算中，一般采用相关性流动法则计算，即 $\alpha_f=\alpha_g$。

2. 参数 β_0、β_1

β_0 和 β_1 这两个参数属于经验参数，β_0 取值范围为 [1.5，5.0]；β_1 的取值范围为 [0.1，0.2]。$\beta_0=4.2$，$\beta_1=0.2$。

P-Z 模型计算参数共 9 个静力学参数，汇总于表 4.1。

表 4.1　P-Z 模型参数统计

编号	参数	说　　明
1	M_g	$p-q$ 曲线最大斜率值 该参数也是衡量式样何时处于极限状态的参考数值
2	M_f	与 M_g 类似，应用于非关联本构关系时其与 $M_f=M_gD_r$
3	α_g	经验参数
4	α_f	经验参数
5	β_0	属于经验参数范围 [1.5，5.0]
6	β_1	属于经验参数范围 [0.1，0.2]
7	H_0	来自 $e-\ln p$ 曲线，$H_0=\dfrac{1+e}{\lambda-\kappa}$（$\lambda$、$\kappa$ 分别为加载、卸载斜率）
8	K_{evo}	弹性参数，$K_{evo}=\dfrac{1+e}{\kappa}$（$e-\ln p$）曲线
9	G_{eso}	弹性参数，$G_{eso}=\dfrac{9(1-2\nu)}{2(1+\nu)}K_{evo}$

4.2 模型仿真分析

4.2.1 三轴试验仿真及P-Z模型参数的优化

4.2.1.1 P-Z模型存在问题

Pastor 和 Zienkiewicz 于1985年建立了一种基于广义塑性力学理论的本构模型P-Z模型，该模型物理意义明确，可以描述土石坝材料的静、动力学特性，且在推求塑性变形时，不必首先定义屈服面及塑性势面，而是通过加载方向矢量和塑性势加卸载方向矢量确定屈服面及塑性势面，提高了模拟土石坝材料力学性能的便捷性，但P-Z模型的材料参数较多，利用常规的三轴剪切试验结果进行参数推导时，表征泊松比特性的模型参数 α 常具有很大的离散性，进而影响P-Z模型模拟土石坝材料力学性能的准确性。

因此，本节基于土石坝材料的三轴剪切试验成果，应用经验模态信号分解法和云理论对P-Z模型参数 α 进行了优化，旨在降低其离散性，进而提高P-Z模型模拟土石坝材料力学特性的准确性。

由于土石坝材料的复杂性，20世纪应用广义塑性力学模型研究土石坝材料力学性能还处于初步阶段。1984年 Zienkiewicz 和 Morz 以黏土为试验材料，试验总结并建立了广义塑形力学理论体系，将受力材料的屈服面与塑性势面分开定义并解释两者关系，定义卸载方向矢量和塑性势方向矢量来描述屈服面和塑性势面。之后 Morz 等[11]以P-Z模型为基础进行了一系列的研究，但应用于无黏性土时，对于密实度与围压等力学特性关键因素的影响性确定比较困难。Pastor 等[12]引入包含泊松比特性的参数 α 对P-Z模型临界状态理论进行描述，其取值直接影响塑性势面和屈服面的位置与两者的关系，进而影响模型模拟材料力学特性的精度和可靠性，但参数 α 的确定有较大任意性和突变性。Jefferies 等[13]对P-Z模型中的相关参数进行相关修正，取得了良好的模拟结果，但对主要影响参数 α 仍无法准确确定和验证。

进入21世纪以来，随着计算机技术的发展，许多学者应用P-Z模型对土石坝材料力学特性进行了大量的研究。李宏恩将临界状态线相关参数引入砂土的剪胀方程，并对塑性势方向矢量和塑性模量进行修正，提出了一种参数 α 的推导公式，但该公式本身存在多重假设，并不能反映参数 α 真实变化情况，在应用于不同材料土体分析时计算结果与实际情况相差较大。张宏洋等[14]根据黏土和砂土材料的三轴试验和振动台试验成果推导了P-Z模型的静动力相关参数，并应用于实际工程数值分析中，研究了土石坝在静动力条件下的安全性，但当模型参数确定存在离散性时取平均值进行处理，存在一定的随意性。陈生水[15]应用P-Z模型分析了堆石料在等幅与不等幅应力循环荷载作用下的变形特性，并考虑了体积应变积累对剪胀性的影响，计算中模型参数的确定仍通过常规室内单调及循环加载试验确定，对于参数离散性的验证仍然没有提出解决方案。

针对现有研究存在的不足，本章对影响P-Z模型模拟土石坝材料力学特性精度的主要参数α进行优化。即以粗颗粒三轴剪切试验数据为基础，确定P-Z模型相关参数。应用经验模态信号分解法（EMD）和云理论数据分析方法对试验数据和参数α的计算公式进行处理和优化，寻找参数α确定的主要影响因素，研究参数α普遍变化规律，降低参数α离散性，以提高P-Z模型精度，准确模拟土石坝材料的力学特性。EMD分解法的优点在于可以将无规则的时间序列进行规则化，排除可能影响到规则变化的因素，在水利工程中，将EMD分解法应用于地震的时间序列降噪[16-17]，将随机的地震波进行了噪声衰减，得到的地震波更具规律性和良好的趋势性。将EMD分解法应用于泄水建筑物泄水时引起的震动降噪，有效地降低了不规则噪声对泄水建筑物震动的影响。Zhang Jianwei等[18]将EMD和SVD降噪方法结合，先采用SVD法对部分噪声进行滤除，再用EMD分解法对IMF进行计算，其结果优于只采用上述一种降噪方法。Li Chengye等[19]基于EMD分解法和小波阈值法对实测振动数据进行平稳分析，将噪声排出后采用NEXT和HHT的方法来确定泄洪建筑物的模态参数，以二滩拱坝实际工程为例进行方法验证，结果震动耦合结果良好。Li Chengye等[20]在模拟水工结构损伤问题上，取EMD分解法得到的残余函数值，并对该值应用Hilbert变换和最小二乘拟合得到结构损失的模态参数，这一方法利用了EMD分解法的残余函数，从分解出来的残余函数提取衰减信息。Su Huaizhi等[21]基于EMD分解法对土石坝边坡变形参数进行分解，提取出加速边坡变形的预警性指标。以上研究都是用EMD分解法直接对观测和实测数值进行分解降噪，观测和实测数值常受到外界各种因素影响。本章将EMD分解法应用于试验数据，其优势在于试验数据已经排除了大量环境因素，EMD分解后的趋势将会更强，降噪后的数据进行云理论模型计算后，将会提高参数计算的精确性。近年来云理论模型得到广泛应用，大量学者对其进行研究，谭志英[22]采用云理论模型和博弈论方法计算大坝安全评估指标的总和权重，有效提升了模型评估的精确性和适用的广泛性。朱凯等[23]、张涛[24]用云理论模型对大坝变形进行预测，结果符合实际情况。Keping等[25]利用云理论模型对岩爆分类进行了预测，得出结论云理论模型比KNN算法和随机森林（RF）方法具有更高的精度。Wang Fei等[26]针对大坝在施工期压实质量的不确定性，采用云理论模型与模糊神经网络相结合，建立了新的大坝安全评价体系，得到了良好的验证和应用。上述学者的研究表明在影响因素赋值或量化后，云理论模型可以较好地预测多因素影响下的变化。本章基于云理论这一优点，采用 EMD 分解法对修正系数量化后，采用云理论模型进行预测。

4.2.1.2 P-Z 模型中的临界状态理论

1. 应力、应变不变量

P-Z 模型中将有效应力用应力张量的形式表示为

$$\left.\begin{aligned} I_1&=\frac{1}{3}\sigma'_{ii} \\ J_2&=\frac{1}{2}S_{ij}S_{ji} \\ J_3&=\frac{1}{3}S_{ij}S_{jk}S_{ki} \end{aligned}\right\} \tag{4.32}$$

式中：$S_{ij}=\sigma'_{ij}-\delta_{ij}I_1$。

根据有限元基本原理，有式（4.33）：

$$\left.\begin{aligned} p&=-I_1 \\ q&=\sqrt{3J_2} \\ \theta&=-\frac{1}{3}\sin^{-1}\left(\frac{3\sqrt{3}}{2}\frac{J_3}{J_2^{3/2}}\right) \end{aligned}\right\} \tag{4.33}$$

式中：θ 为罗德角 $\theta\in\left(-\frac{\pi}{6},\ \frac{\pi}{6}\right)$。

与应力不变量相对应的，其应变不变量表示为

$$\left.\begin{aligned} d\varepsilon_v&=d\varepsilon_{ii} \\ d\varepsilon_s&=\frac{2}{3}\left(\frac{1}{2}de_{ij}de_{ji}\right)^{1/2} \end{aligned}\right\} \tag{4.34}$$

式中：$de_{ji}=d\varepsilon_{ij}-\frac{1}{3}\delta_{ij}d\varepsilon_{kk}$，其中 δ_{ij} 为 Kronecker 指标。

$$\delta=E=\begin{bmatrix} 1 & \cdots & 0 \\ \cdots & 1 & \cdots \\ 0 & \cdots & 1 \end{bmatrix} \tag{4.35}$$

在三轴试验中，有式（4.36）：

$$\left.\begin{aligned} &p=\frac{1}{3}(\sigma_1+2\sigma_3),q=\sqrt{3J_2}=-(\sigma_1-\sigma_3) \\ &\varepsilon_v=\varepsilon_1+2\varepsilon_3,\varepsilon_s=\frac{2}{3}(\varepsilon_1-\varepsilon_3) \end{aligned}\right\} \tag{4.36}$$

2. 加载的塑性势方向矢量

假定弹性应变远小于塑性应变，此时土体呈现的膨胀系数为

$$d=\frac{d\varepsilon_v^p}{d\varepsilon_s^p}\approx\frac{d\varepsilon_v}{d\varepsilon_s} \tag{4.37}$$

Pastor 根据临界状态理论提出新公式，将土的膨胀率和应力比值 $\eta(\eta=q/p)$ 表示为

$$d=(1+a)(M-\eta) \tag{4.38}$$

为了区分塑性势方向矢量与加载方向矢量，记为

$$d_g=(1+\alpha_g)(M_g-\eta) \tag{4.39}$$

式中：α_g 为材料参数；M_g 为临界状态线的斜率。

在（p，q）二维空间中，加载塑性势方向矢量 $n_{g+}=(n_{g+}^p, n_{g+}^q)^T$ 为

$$\left.\begin{aligned} n_{g+}^p &= d_g=(1+\alpha_g)(M_g-\eta) \\ n_{g-}^p &= 1 \end{aligned}\right\} \tag{4.40}$$

根据李洪恩提出的优化公式算法，可表示为

$$\left.\begin{aligned} n_{g+}^p &= \frac{d_g}{\sqrt{1+d_g^2}} \\ n_{g-}^p &= \frac{1}{\sqrt{1+d_g^2}} \end{aligned}\right\} \tag{4.41}$$

从式（4.40）、式（4.41）可以看出，塑性势方向并非根据塑性势面确定。对式（4.41）进行积分得到式（4.42）为

$$G=q-M_g p\left(1+\frac{1}{\alpha_g}\right)\left[1-\left(\frac{p}{p_g}\right)^{\alpha_g}\right] \tag{4.42}$$

式中：p_g 为积分常数。

有了上述为基础，将二维空间（p，q）扩展为三维空间（p，q，θ）得到 $n_{g+}=(n_{g+}^p, n_{g+}^q, n_{g+}^\theta)^T$ 表示为

$$\left.\begin{aligned} n_{g+}^p &= (1+\alpha_g)(M_g-\eta) \\ n_{g+}^q &= 1 \\ n_{g+}^\theta &= \frac{\partial G}{\partial\theta}=-\frac{1}{2}qM_g\cos3\theta \end{aligned}\right\} \tag{4.43}$$

卸载的塑性势方向矢量 n_{g-} 在（p，q，θ）三维空间表示为 $n_{g-}=(n_{g-}^p, n_{g-}^q, n_{g-}^\theta)^T$，其与加载塑性势方向矢量只有在 p 方向上为其相反数，其余两个方向相同：

$$\left.\begin{array}{l}n_{g-}^{p}=-|n_{g+}^{p}|n_{g+}^{p}=-|(1+\alpha_{g})(M_{g}-\eta)|\\ n_{g-}^{q}=n_{g+}^{q}=1\\ n_{g-}^{\theta}=n_{g+}^{\theta}=-\dfrac{1}{2}qM_{g}\cos3\theta\end{array}\right\}\tag{4.44}$$

3. 加载方向矢量

用 n 来表示加载方向矢量以区分塑性势方向矢量 $n_{g+/-}$，则在三维空间（p，q，θ）内存在 $n=(n^{p}, n^{q}, n^{\theta})^{T}$，与塑性势方向矢量 $n_{g+/-}$ 相似，加载方向矢量为

$$\left.\begin{array}{l}n^{p}=(1+\alpha_{f})(M_{f}-\eta)\\ n^{q}=1\\ n^{\theta}=-\dfrac{1}{2}qM_{f}\cos3\theta\end{array}\right\}\tag{4.45}$$

特别说明式（4.45）中的 α_{f}、M_{f} 与式（4.44）中的 α_{g}、M_{g} 并不相同，P-Z模型的优点在于对塑性势面与屈服面的分开描述和计算，因为其切线的刚度矩阵并不是对称的。从式（4.45）可以得到结论，加载方向矢量 n 并非建立在屈服面上，同样的，对加载方向矢量 n 积分结果得到：

$$F=q-M_{f}p\left(1+\frac{1}{\alpha_{f}}\right)\left[1-\left(\frac{p}{p_{f}}\right)^{\alpha_{f}}\right]=0\tag{4.46}$$

式中：p_{f} 是积分常数。

4.2.1.3 EMD分解与云模型理论

1. 经验模态分解法

经验模态分解法（EMD）是一种时频分析方法[27]，其原理为将一组时间序列分解为若干本征模态函数（IMF），根据IMF函数得到的子序列对不平稳的数据进行降噪处理，从而得到一系列较为平稳的时间序列。IMF函数具有两大特征：①零点数与极值点数相同或最多相差一个；②上下包络线关于整个时间轴对称。

EMD实现的基本原理[28]如下：

（1）对于时间序列 $F(t)$，首先得到其极大值 $t_{\max}$ 和极小值 $t_{\min}$，用样条曲线对 $t_{\max}$ 和 $t_{\min}$ 进行拟合，形成上下包络线，求出上下包络线均值函数 $m(t)$，根据公式 $\varphi(t)=F(t)-m(t)$ 求得 $\varphi(t)$；若 $\varphi(t)$ 能同时满足IMF函数两大特征，则代表 $F(t)$ 的一个IMF分量，设为 $I_{1}(t)$；若 $\varphi(t)$ 不能同时满足要求的两大特征，则将 $\varphi(t)$ 看作为原时间序列函数重复上面的计算，直到得到符合要求的 $I_{1}(t)$ 为止。

（2）根据 $r(t)=F(t)-I_{1}(t)$ 从原时间序列里分离出IMF函数 $I_{1}(t)$，得到残余函数 $r(t)$。

(3) 将残余函数$r(t)$当作新的$F(t)$重复上述步骤，得到满足IMF函数两大特征的第二个分量，记为$I_2(t)$；重复上述步骤直到无法从残余函数$r(t)$中提取出分量函数时，最终得到若干个分量函数和一个残余函数：

$$F(t)=\sum_{i=1}^{n}I_i(t)+r(t) \tag{4.47}$$

2. 云理论模型

云理论由李德毅院士于1995年提出[29]，云理论模型的应用已经成为解决不确定性问题的主要手段，是定性概念与其定量表示之间转换的双向认知模型，可实现将不确定指标的定性描述定量化[30-33]，并运用隶属度来刻画亦此亦彼的程度，从而将数据的随机性与不确定性结合起来，且充分考虑数据的模糊性，因此得以广泛应用。

云理论是云的具体实现方法，云理论用期望、熵、超熵3个数字特征来表征一个整体概念[34-36]，其中，期望是定性概念的基本确定性的度量，代表定性概念最典型的样本；熵是由概念的随机性与模糊性共同决定的，反映期望的不确定性程度，代表云滴的离散程度与云滴的取值范围；超熵则是对熵的不确定性度量，即熵的熵，代表熵的离散程度。云理论包括正向云算法和逆向云算法，云算法通过云发生器来实现，正向云发生器实现从定性概念到定量表示的转换，逆向云发生器实现从定量表示到定性概念的转换。运用云理论进行定性概念与定量表示之间的相互转换，从而构成定性概念和定量表示之间的相互映射。

云理论模型[37-38]可以将不确定性数据的模糊性和离散性结合起来，通过“定量-定性-定量”的转化从而得到恰当的相关性强的数据点。其基本原理为将不确定性序列定义为序列U，C为序列U的定性判断。若给定一个量值$x\in U$且x为C的一次随机实现，则x关于C的确定度$\mu(x)\in[0,1]$是具有稳定倾向的随机数。若μ：$U\rightarrow[0,1][\forall x\in U, x\rightarrow\mu(x)]$，则$x$在$U$上的分布成为云，$x$成为云滴。

云理论引入期望E、熵En、超熵He 3个参量反映整体特性，并通过逆向云发生器对监测效应量进行特征值统计。逆向云发生器的原理为

(1) 由x_i计算样本均值$\overline{X}=\dfrac{1}{n}\sum\limits_{i=1}^{n}x_i$，样本方差$S^2=\dfrac{1}{n-1}\sum\limits_{i=1}^{n}(x_i-\overline{X})$。

(2) 期望$E=\overline{X}$，熵$En=\sqrt{\dfrac{\pi}{2}}\times\dfrac{1}{n}\sum\limits_{i=1}^{n}|x_i-Ex|$。

(3) 得到超熵$He=\sqrt{S^2-En^2}$。

正向正态云发生器可以实现定性概念的定量转化，它根据x_i的期望E、熵En、超熵He产生云滴群，具体原理为：

（1）根据数字特征（Ex、En、He）产生一个以 En 为期望、He^2 为方差的自动随机数 $E'n$。

（2）以 En 为期望、En'为方差产生一个正态随机数 x，称 x 为 U 上的一个云滴。

（3）计算 $\mu_i = \mathrm{e}^{-\frac{(x_i - Ex)^2}{2E'^2_{ni}}}$，则 μ_i 为 x_i 属于 C 的确定度。

（4）重复上述步骤，直到生成 n 个云滴为止。

4.2.1.4 EMD 法降噪和云理论优化参数

1. EMD 法降噪

常规三轴试验设置 4 组围压分别为 0.5kPa、1.3kPa、2.2kPa、3.0kPa；取等时间段内的 18 组数据为原始数据，根据原始数据绘制 $d\varepsilon_v/d\varepsilon_s - q/p$ 曲线，如图 4.8 所示；分别对每组围压下原始数据直接进行拟合得到线性相关方程，如图 4.9～图 4.12 所示。

采用 EMD 法对每组围压数据进行降噪处理，将原始数据 $d\varepsilon_v/d\varepsilon_s - q/p$ 视为 $F(x)$ 的时间序列，求得 IMF 函数 $I(x)$ 和残余函数 $r(x)$，每种围压下的 IMF 函数和残余函数如图 4.13～图 4.16 所示。提取对应残余函数值，绘制图 4.17，即为关于 $d\varepsilon_v/d\varepsilon_s - q/p$ 在其对应围压下的降噪处理函数。

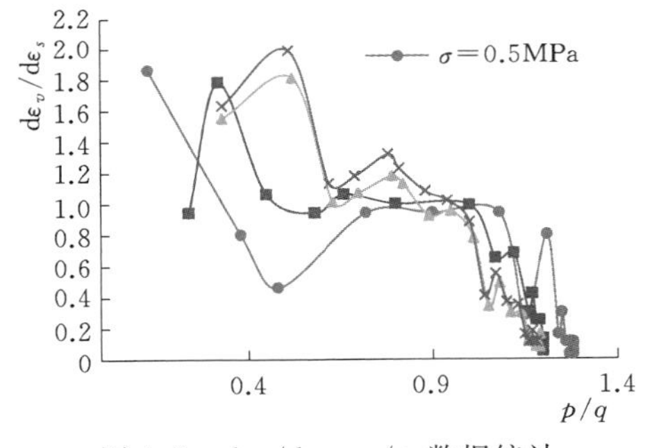

图 4.8 $d\varepsilon_v/d\varepsilon_s - q/p$ 数据统计

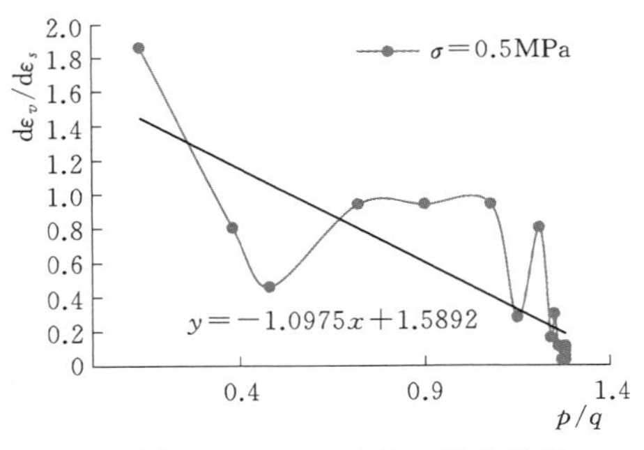

图 4.9 σ=0.5MPa 拟合数据

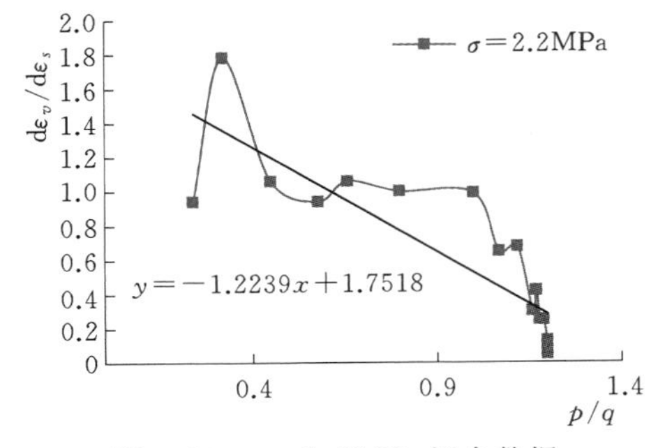

图 4.10 σ=1.3MPa 拟合数据

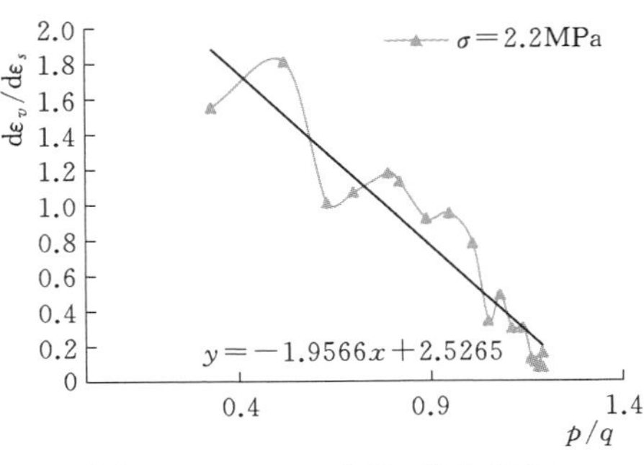

图 4.11 σ=2.2MPa 拟合数据

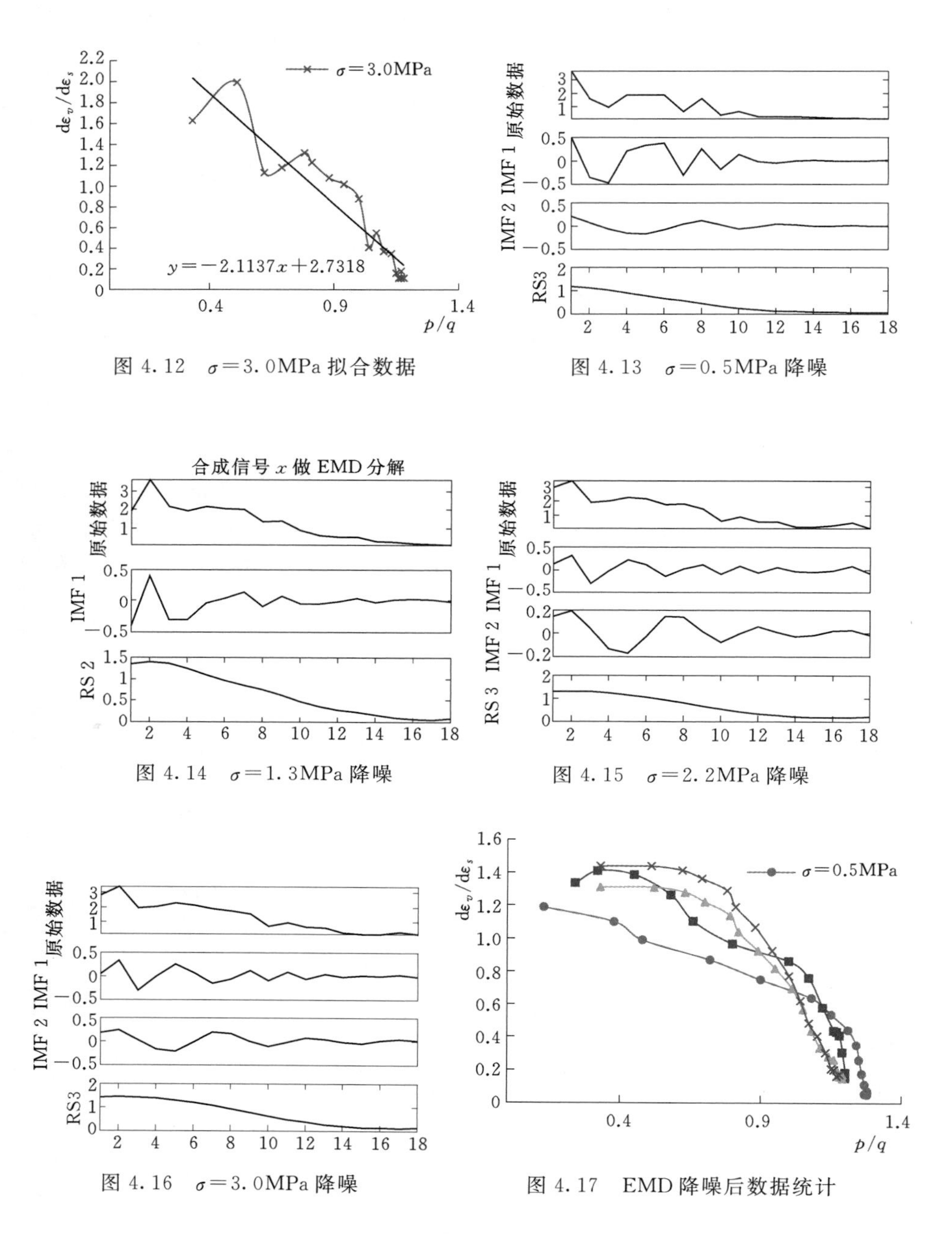

图 4.12　$\sigma=3.0$MPa 拟合数据

图 4.13　$\sigma=0.5$MPa 降噪

图 4.14　$\sigma=1.3$MPa 降噪

图 4.15　$\sigma=2.2$MPa 降噪

图 4.16　$\sigma=3.0$MPa 降噪

图 4.17　EMD 降噪后数据统计

提取图 4.17 内每组数据，单独进行拟合处理得到图 4.18～图 4.21；统计降噪前后所得拟合函数参数见表 4.2。

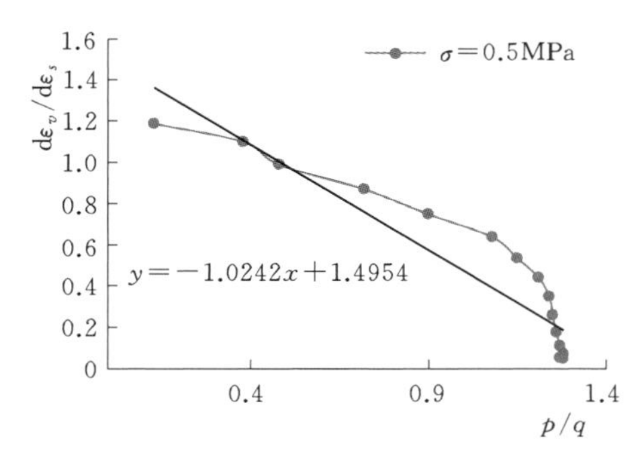

图 4.18　降噪后 σ=0.5MPa 拟合数据

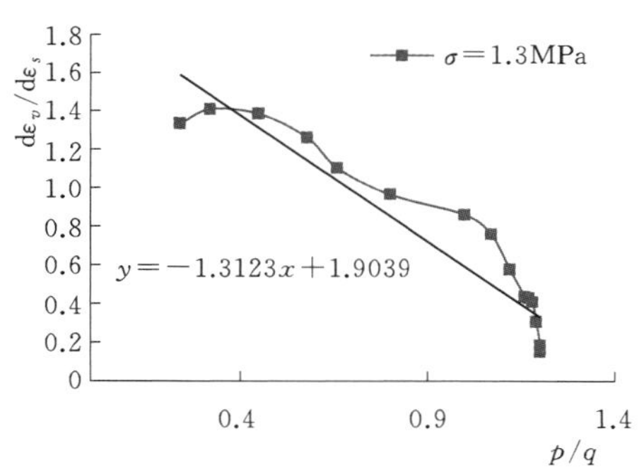

图 4.19　降噪后 σ=1.3MPa 拟合数据

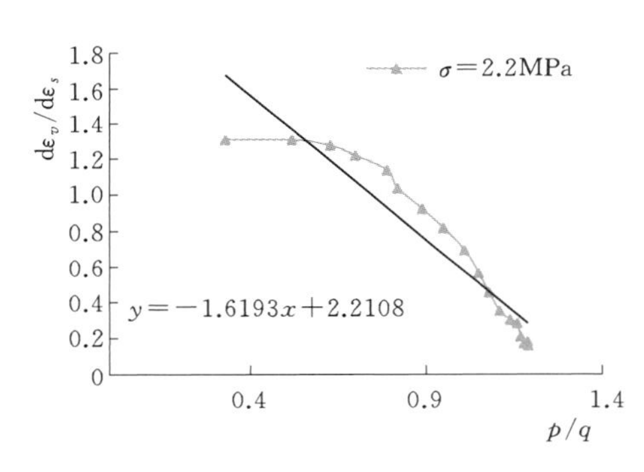

图 4.20　降噪后 σ=2.2MPa 拟合数据

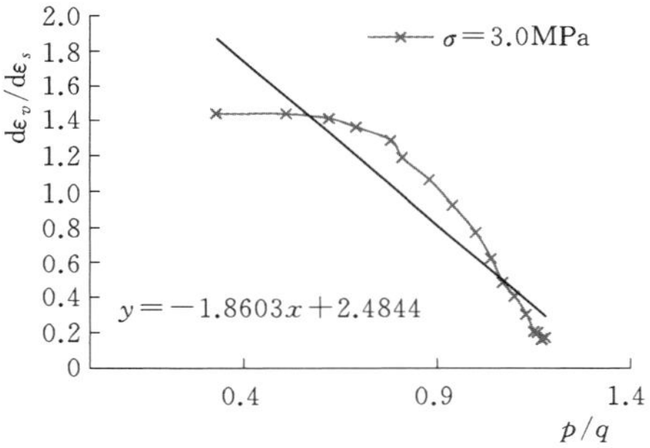

图 4.21　降噪后 σ=3.0MPa 拟合数据

表 4.2　　EMD 分解降噪前后斜率对比

参数 K	σ=0.5MPa	σ=1.3MPa	σ=2.2MPa	σ=3.0MPa
降噪前	1.0975	1.2239	1.9566	2.1137
降噪后	1.0242	1.3123	1.6193	1.8603

2. 云理论优化参数 α

通过式（4.39）得到 $\alpha=K-1$，得到参数 α 序列见表 4.3。应用正向云发生器将表 4.3 去噪前后的参数序列分别转化为云模型所需的数字特征 $x_1(E_1, En_1, He_1)$ 和 $x_2(E_2, En_2, He_2)$ 见表 4.4，应用正向云发生器生成图 4.22 图 4.23 所示各 1000 个正向云滴，生成云滴群表示以将参数 α 从概念层提升到数值层，完成了理论中的第一步“定性-定量”的转变；根据云理论“3En 准则”[39]确定其取值范围分别为 $\alpha_1\in(-1.05, 2.24)$，$\alpha_2\in(-0.6202, 1.5283)$；由于参数 α 大于 0，因此最终确定 $\alpha_1\in(0, 2.24)$，$\alpha_2\in(0, 1.5283)$。取值范围定义为若干次试验计算参数 α 有 99.7%的概率落在该范围内，范围外的云滴数值可以忽略不计。确定参数 α 取值范围完成了理论第二步“定量-定性”的转化。云理论计算完成，从只有4个参数α系列生成了以这4个参数为内在规律的1000个α值，并确定其取值范围。为提出α计算公式提供了限制条件。

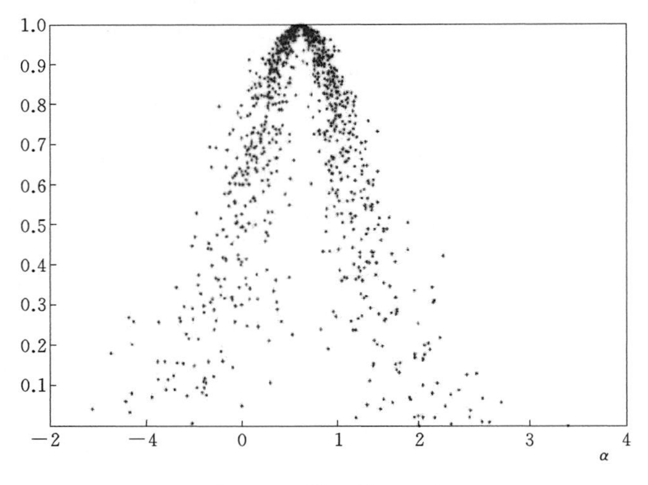

图4.22　降噪前α云滴

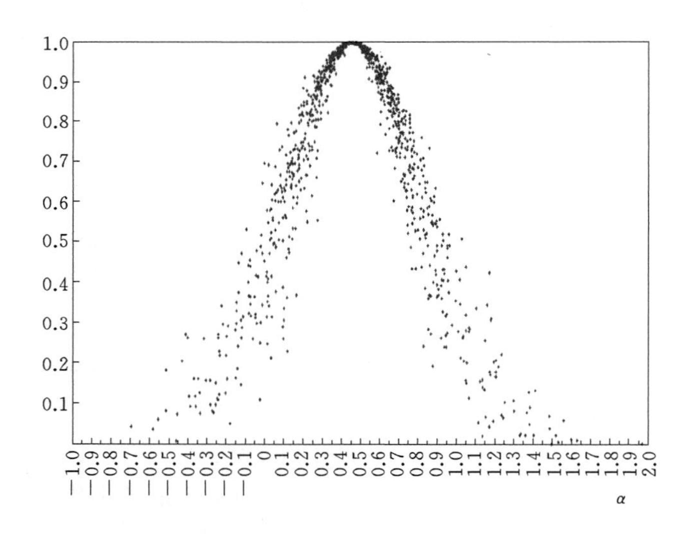

图4.23　降噪后α云滴

3. 降噪前后云滴对比结果

拟合函数所得参数K正或负仅代表图像数据趋势递增或递减，探究参数α与K正与负无关，故在统计α时取K的绝对值。对比表4.2数据如下：

（1）对比表4.2降噪前后参数α与试验围压数值有关，当试验变量围压增大时，参数α系列随之增大；这一现象符合临界状态理论的假设，参数α属于材料本身特性，其隐含反映泊松比，围压对其影响较大。

(2) 分析表 4.3 数据，熵和超熵都是反映数据离散程度的参数，数值越小说明数据相关性越强，拟合出的公式效果越好；熵值前后对比误差降低 35%，超熵前后值对比误差降低 67%。因此 EMD 分解后的数据极大地降低了数据误差。

(3) 对比表 4.1 和表 4.2 数据，降噪后参数 α 系列比降噪前更向其期望集中，进而减小参数系列的波动范围，通过云理论“3En 原则”验证了经过 EMD 分解法降噪后，参数 α 序列的取值范围更精确；对比图 4.22 和图 4.23，降噪后参数 α 云滴范围比降噪前云滴范围缩小了 32%，提高了参数 α 的精度。

表 4.3　　参数 α 降噪前后对比

参数 α	σ=0.5MPa	σ=1.3MPa	σ=2.2MPa	σ=3.0MPa
降噪前	0.0975	0.2239	0.9566	1.1137
降噪后	0.0242	0.3123	0.6193	0.8603

表 4.4　　云理论参数计算

参数名称	E		En		He	
	E_1	E_2	En_1	En_2	He_1	He_2
数值	0.5979	0.4540	0.5478	0.3581	0.1961	0.0647
相对误差/%	24		35		67	

4.2.1.5 参数 α 计算公式优化

1. 计算公式推导

根据公式 (4.38) 得到 α 的推导式为

$$\alpha_g=\frac{d\varepsilon_v}{d\varepsilon_s}\left(M-\frac{q}{p}\right)^{-1} \tag{4.48}$$

将式 (4.35) 与式 (4.48) 联立得到式 (4.49)，三轴试验中以压力方向为正方向，式 (4.35) 中剪应力 $q=-(\sigma_1-\sigma_3)$ 中的负号仅代表其方向，数值大小为 $(\sigma_1-\sigma_3)$；与计算 α 时取 K 绝对值原因相同。

$$\alpha_1=\frac{9}{2}\times\frac{\varepsilon_v}{3\varepsilon_1-\varepsilon_v}\times\frac{\sigma_1+2\sigma_3}{(M-3)\sigma_1+(2M+3)\sigma_3}-1 \tag{4.49}$$

式中：体应变 ε_v、轴向应变 ε_1 和轴向应力 σ_1 可通过试验测得；围压 σ_3 为已知量；根据临界状态理论，M 是一个反映土体本身的物理量，可以通过式 (4.50) 得到

$$M=\frac{6\sin\varphi}{3-\sin\varphi\sin3\theta} \tag{4.50}$$

式中：φ 为土样内摩擦角，可由试验测得；θ 为罗德角。

2. 计算公式优化

引入修正参数$k=\frac{n_2}{n_1}$，n_2为α_2云图特征点，n_1为α_1云图特征点。各在α_1，α_2集合中取20个生成点，即$\alpha_1 \in (n_{1,1}, n_{1,2}, \cdots, n_{1,19}, n_{1,20})$，$\alpha_2 \in (n_{2,1}, n_{2,2}, \cdots, n_{2,19}, n_{2,20})$，则$k \in \left(\frac{n_{2,1}}{n_{1,1}}, \frac{n_{2,2}}{n_{1,2}}, \cdots, \frac{n_{2,19}}{n_{1,19}}, \frac{n_{2,20}}{n_{1,20}}\right)$。根据云理论位置点权重关系，取点原则如下：

（1）骨干元素对云滴群贡献度占50%，其范围为[$E-0.67En$，$E+0.67En$]。

（2）基本元素对云滴群贡献度占68.26%，其范围为[$E-En$，$E+En$]。

（3）外围元素对云滴群贡献度占27.18%，其范围为[$E-2En$，$E-En$][$E+En$，$E+2En$]。

（4）弱外围元素对云滴群贡献度占4.3%，其范围为[$E-3En$，$E-2En$][$E+2En$，$E+3En$]。

在α_1，α_2基本元素区取14个特征点，包含骨干元素10个点和非骨干元素4个点、外围元素5个点和弱外围元素1个点，见表4.5和表4.6。

表4.5　α_1 特征点汇总

$n_{1,1}$	$n_{1,2}$	$n_{1,3}$	$n_{1,4}$	$n_{1,5}$
−0.09839	0.0151	0.119824	0.192695	0.274855085
$n_{1,6}$	$n_{1,7}$	$n_{1,8}$	$n_{1,9}$	$n_{1,10}$
0.367034786	0.48511	0.503099	0.5979	0.606464
$n_{1,11}$	$n_{1,12}$	$n_{1,13}$	$n_{1,14}$	$n_{1,15}$
0.634702	0.758068	0.847777	0.957318	1.024277
$n_{1,16}$	$n_{1,17}$	$n_{1,18}$	$n_{1,19}$	$n_{1,20}$
1.207872	1.29042	1.432639	1.487918	2.148323

表4.6　α_2 特征点汇总

$n_{2,1}$	$n_{2,2}$	$n_{2,3}$	$n_{2,4}$	$n_{2,5}$
−0.07846	0.009388	0.125022	0.169836	0.244819
$n_{2,6}$	$n_{2,7}$	$n_{2,8}$	$n_{2,9}$	$n_{2,10}$
0.31302329	0.363279	0.447448	0.454	0.489762
$n_{2,11}$	$n_{2,12}$	$n_{2,13}$	$n_{2,14}$	$n_{2,15}$
0.518617	0.611504	0.48566	0.684835	0.709064
$n_{2,16}$	$n_{2,17}$	$n_{2,18}$	$n_{2,19}$	$n_{2,20}$
0.783293	0.814095	0.867795	1.023362	1.25615

根据 $k \in \left(\frac{n_{2,1}}{n_{1,1}}, \frac{n_{2,2}}{n_{1,2}}, \cdots, \frac{n_{2,19}}{n_{1,19}}, \frac{n_{2,20}}{n_{1,20}}\right)$ 计算得 k 特征点汇总表（表 4.7）。

表 4.7　　k 特征点汇总

k_1	k_2	k_3	k_4	k_5
0.797383	0.621712	1.043374	0.881371	0.890720286
k_6	k_7	k_8	k_9	k_{10}
0.852843661	0.748859	0.889384	0.759324	0.80757
k_{11}	k_{12}	k_{13}	k_{14}	k_{15}
0.817103	0.806661	0.572863	0.715368	0.692258
k_{16}	k_{17}	k_{18}	k_{19}	k_{20}
0.64849	0.630875	0.605732	0.687781	0.584712

根据表 4.7 计算结果，以修正方程为计算原则对降噪前后的云滴进行匹配，生成新的云滴群 k，根据表 4.7 计算参数 k 的特征数字为 $k\{0.75, 0.13, 0.027\}$；再根据云理论 $3E_n$ 原则得到参数 k 的取值范围 $k \in (0.37, 1.14)$。

将修正系数 k 代入式（4.50）中，得到修正方程为

$$\alpha = k\alpha_1 = \frac{9k}{2} \times \frac{\varepsilon_v}{3\varepsilon_1 - \varepsilon_v} \times \frac{\sigma_1 + 2\sigma_3}{(M-3)\sigma_1 + (2M+3)\sigma_3} - k; k \in (0.37, 1.14) \quad (4.51)$$

式中：$\frac{9k}{2}$ 为修正参数；$\frac{\varepsilon_v}{3\varepsilon_1 - \varepsilon_v}$ 反映土体本身的形状变化；$\frac{\sigma_1 + 2\sigma_3}{(M-3)\sigma_1 + (2M+3)\sigma_3}$ 反映土体所受外力情况；k 为修正参数，根据云理论计算结果，本次取 $k=0.75$（E 值）。

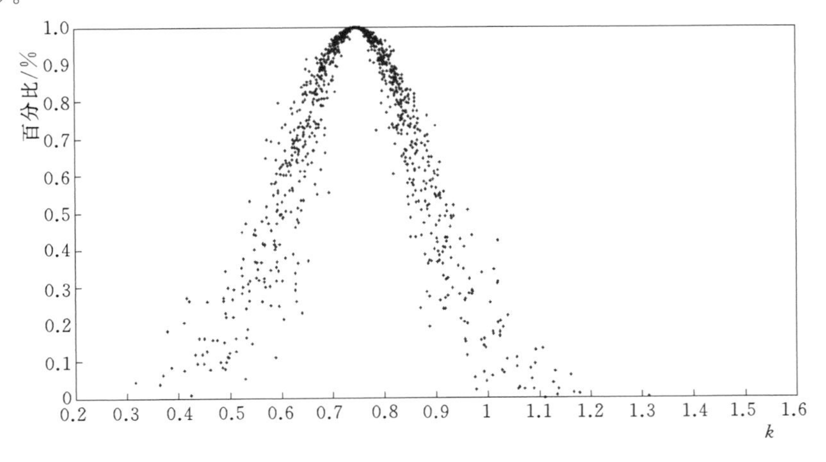

图 4.24　修正参数 k 云滴

3. P－Z 模型拟合对比

将 k＝0.75 代入式（4.51）计算得 α＝0.448，将 α＝0.448 代入 P－Z 模型，与试验数据点进行对比，结果如图 4.25～图 4.28 所示。虚线为采用 α＝0.448 模拟结果，与试验散点效果拟合较好；实线为采用未降噪后数据 α_1＝0.5978 模拟结果，与试验散点误差较大。

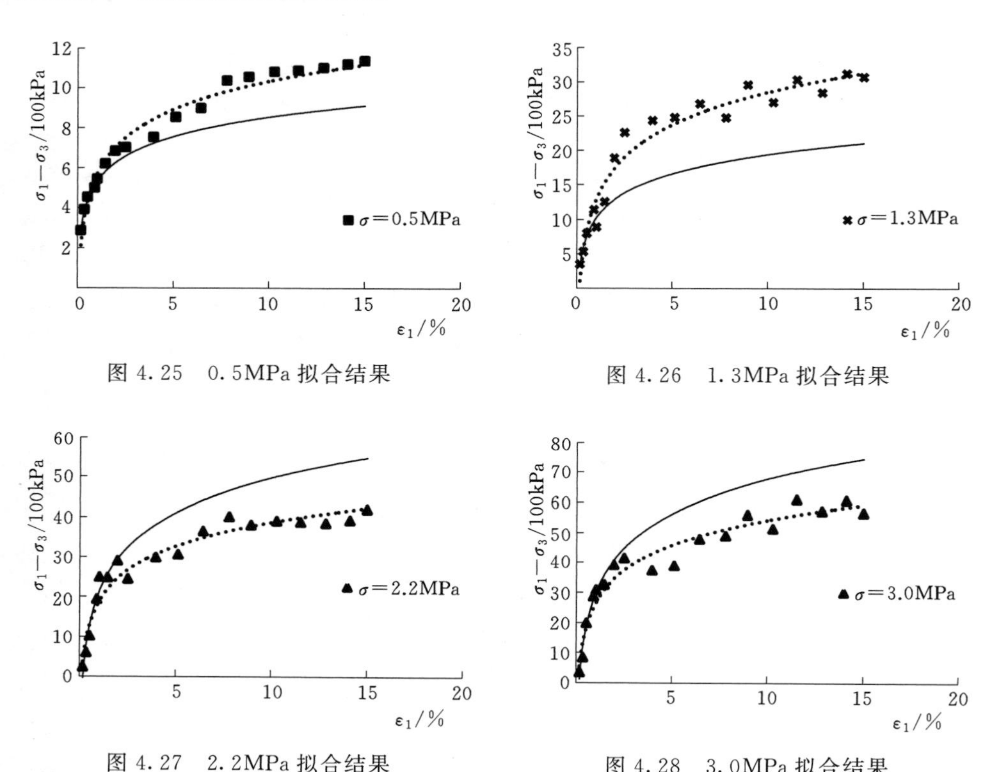

图 4.25　0.5MPa 拟合结果

图 4.26　1.3MPa 拟合结果

图 4.27　2.2MPa 拟合结果

图 4.28　3.0MPa 拟合结果

综上可得以下结论：

（1）采用 EMD 分解法对三轴压缩试验数据进行降噪处理，该组为试验组，并以未经降噪的原始数据作为对照组，对比两组数值变化，并对两组数据进行线性回归，回归方程斜率作为参数 α 序列子量，得到两组参数 α 序列。结果表明：两组数据变化均符合理论规律，但试验组数据的变化规律更明显，试验组序列的相关性强于对照组，且降噪后数据依然保持与未降噪前数据规律 α 序列子量与围压呈正相关。证明 EMD 分解法对于三轴压缩试验数据降噪效果明显，且降噪后与降噪前特征规律不变，相关性更强。

（2）采用云理论模型分别计算两组参数 α 序列云分布图，并产生云滴群，并根据云理论“3En 原则”确定两组参数 α 序列的活动范围。结果表明：云滴

群符合参数 α 序列变化规律；试验组 α 活动范围比对照组精确度提高了32%。证明云理论模型对于无序的参数 α 序列有较好的适应性，亦使两组数据差别更明显。

（3）将云理论生成的两组云滴按云理论分布权重原则各取20个特征点匹配计算，生成修正参数 k 的集合，通过计算 k 的特征数字得到 k 的云滴群。结果一般情况 $k=0.75$ 且 $k\in(0.37,1.14)$；修正参数引入方程后，利用优化方程得到的新 α 与对照组 α 进行P-Z模型拟合对比。结果修正方程得到的参数 α 拟合结果好于对照组。

本节运用EMD分解法降噪和云理论将不确定性参数由定性转变为定量的优点，优化试验数据，提取关键参数；根据云理论权重原则取两组特征点运算并生成新云滴群 k，计算 k 取值范围；将修正参数加入原有 α 计算公式中，优化P-Z模型中材料参数 α 的取值公式。

4.2.2 堆石料湿化模型及数值模拟

4.2.2.1 湿化变形的研究现状

粗粒料是修建土石坝的重要材料之一，早期施工设计人员认为粗粒料作为岩石材料，其强度十分高，在浸水时是不会产生湿化，或者其湿化变形几乎可以忽略不计。但随着筑坝技术的提升，堆石坝的高度也在不断增加。问题便逐步被显现了出来。当高土石坝初次蓄水时，其坝壳的堆石部分在上游水压力和浮力的作用下出现了下沉现象，且下沉现象十分明显。后经技术分析发现粗粒料也会随着浸水作用产生沉降现象，类似于土的湿陷产生的变形。这种变形在后来被命名为湿化变形。正是由于浸水沉降导致的这种变形，导致了土石坝粗粒料的整体下降现象。因此，在设计高土石坝时，对粗粒料进行浸水湿化试验，测定其沉降变形以防止湿化变形对土石坝安全带来影响。

不仅是心墙土石坝，面板堆石坝更是受到了湿化变形的影响。堆石坝初次蓄水，堆石体的湿化变形沉降会给整个坝体带来严重危害。随着堆石体的沉降，大坝坝体内整个应力会产生重分布。堆石体的沉降会使坝内产生拉应力，破坏防水面板。一旦防水面板产生裂缝[40-41]，则会危及到整个坝体安全。

1. 湿化变形定义和机理

湿化变形是真实存在的变形现象。针对粗粒料的湿化变形定义，不同学者给出的定义基本相同。即粗粒料的湿化变形是指粗粒料在保持一定应力状态不变的情况下，对粗粒料进行浸水饱和，在浸水的状态下，由于粗颗粒之间被水浸泡，产生位移和软化等现象。在应力作用下，粗颗粒之间缝隙会减小，粗颗粒之间产生滑移、破裂和应力重分布。从宏观角度讲，反映为整体粗粒料的应力重新分布。

上述所讲的湿化变形机理已经被国内外大多数学者所认同。我国学者李国英等[42]为了计算土石料变形的特点，考虑到了毛细水压力。他认为毛细水压力会在堆石料缝隙中产生张力，当堆石料逐渐饱和后，毛细水压力所产生的张力会逐渐消失，所产生的变形模量也会逐渐减小。张力逐渐消失的过程即为堆石料湿化变形的过程。我国学者沈珠江研究了土体湿化变形和毛细水压力丧失两者之间的规律，同时还对试件的湿陷和湿胀进行了研究。针对上述两位学者研究，有很多学者有不同的意见。他们认为，粗粒料颗粒之间存在空隙的直径较大，连通性好。因此粗粒料的湿化变形与毛细水压力之间的联系并不会很大。因此，对于粗颗粒的湿化变形并不能仅归咎于毛细水产生的张力这一种原因。

因此，想要了解湿化变形，必须从湿化变形的原理出发，了解粗粒料的软化，破碎和应力重分布后引起的变形。

2. 湿化变形的影响因素

针对湿化变形原理，很多学者通过试验也从不同方面对湿化变形进行了研究，分析了影响湿化变形的因素。Anthiniac 等[43]、Ordemir[44]对地层进行试验研究，分别对含有冲击层的地基进行了室内试验和室外试验。试验研究表明湿化沉降受粗粒料含水率、初始干密度、试验级配、加载方式等影响。对于单轴湿化试验，湿化变形浸水刚开始时，变化最大。但是后期变化速率会逐渐减小，直至最后基本稳定。Hayashi[45]设计的堆石料湿化试验验证了湿化试验的影响因素包含孔隙比、初始含水率等。他还验证总结出了孔隙率和含水率两者的关系。Kast 等[46]等人将湿化变形的影响因素分为两类，即内因和外因。内因主要是关于粗粒料本身的特性，如强度、粒径大小、级配等。外因主要包括试验条件，如湿化试验时的加载应力状态、加载历史、加载路径等。

目前，各国研究湿化试验的方法主要是单线法和双线法，单线法[47]完全模拟湿化过程先将试件加载到相应应力水平后，通水湿化测量变形。双线法需要分别对相同应力水平下的试件进行干态和饱和态的变形试验。两种方法各有优点，在低应力水平下，单线法与双线法结果接近。Jia Yufeng 等[48]对湿化变形和蠕变参数进行反演，认为湿化变形和蠕变会同时发生，单线法不能消除蠕变的影响；苗雷强[49]对比单、双线法差异认为，认为当含水率较高时双线法结果更适用，更加安全。

基于此，考虑到上述因素和本次试验条件（①为消除蠕变等影响；②本次湿化试验所用材料初始含水率较高），采用以双线法作为湿化试验方法，并通过分析大量湿化试验数据构建了基于湿化参数的湿化变形计算公式，旨在为湿化变形数值分析奠定基础。

4.2.2.2 粗粒料湿化模型原理

针对湿化变形的研究主要以变形特征和影响因素为研究方向。变形特征是指研究粗粒料变形规律，通过试验或实际观察总结规律得出变形方程或本构模型。如 Hashiba K. 和 Fukui K.[50]以单轴压缩试验为基础，对花岗岩和凝灰岩的干态和湿态进行了强度测试，试验表明湿态下的岩石硬度明显小于干态，且裂纹扩展时间更长。Chen X 等[51]监测了花岗岩在干湿循环状态下的破坏机制，并提出干湿循环状态下产生的破坏是不可逆的。丁艳辉等[52]将整个堆石料湿化变形分为瞬时湿化和流变湿化两个阶段，并给出了相应的湿化变形规律。赵振梁等[53]以单线法为基础对砂岩进行湿化试验，总结出用于计算的数学模型并给出参数的计算过程。迟世春等[54]根据非线性弹性理论，提出了一种新的湿化计算模型，其特点是重新定义了湿化割线模量与湿化泊松比的表达式。该模型进行验证结果良好。影响因素则是通过分析影像变形的简单物理因素，控制该因素进行对比试验。如 Erich Bauer 认为压力和相对密度对风化砂的湿化变形有关，则应用风化和对水变形敏感的岩石进行长期的变形和应力松弛试验，发现随着水侵蚀影响土体硬度降低导致坍塌和沉陷，针对此沉陷提出有关压力和相对密度的湿化模型。介玉新等[55]基于广义位势理论，将湿化变形转化为湿化等效应力，既简单又直观的量化了湿化变形，同时该方法还可应用于颗粒破碎、干湿循环等多种湿化条件下。

因此，针对湿化变形现有的研究方向，结合变形特征和影响因素两种方法，变形特征可以作为试验验证的依据，影响因素可以应用于湿化公式的总结。通过室内湿化试验数据总结出适合粗粒料的湿化变形公式。在拟合公式的同时，引入湿化变形计算参数，并赋予湿化变形公式参数的物理含义和求解过程。最后将 P－Z 模型与湿化变形公式结合形成新的粗粒料湿化变形计算模型，为粗粒料湿化变形进一步进行数值分析奠定基础。

1. 湿化模型构建

总结上文国内外学者对湿化模型构建的研究内容，本章的湿化模型构建方法如下：研究湿化变形首先要控制粗粒料的应力状态保持不变，在此基础上对干态粗粒料试件进行通水，饱和过程中或饱和后的变形我们称之为湿化变形。因此，先将浸水的粗粒料想象成一个已经受到外部约束的材料，但其位移变化为 0。假设浸水前，粗粒料的单元初始应力状态为 σ_0，将粗粒料单元从堆石体中取出，施加在粗粒料单元体上的一系列力统称为 P_0，在单元体上施加一个固定其约束的刚臂，将单元体施加水压力后（模拟粗粒料浸水饱和），湿化将会对单元体产生位移变形，但这个变形被刚臂限制住。

跟上述假设类似，浸水后的应力状态为 σ_s，刚臂施加的对单元的约束力为 P_s。这样，$\sigma_s-\sigma_0$ 则为浸水前后湿化引起的应力松弛。P_s-P_0 为外力的改变量。如果在单元饱和后撤去施加的刚臂，这时模拟原刚臂所受到的力，对单元体施加大小 P_s-P_0 相等，方向相反的节点反力。这一做法是为了消除水对粗粒料单元的约束，达到卸除刚臂约束的作用。此时堆石体单元在力的作用下产生变形，这时的节点力为浸水后的等效节点力。

具体的湿化变形处理方法如下所述。

(1) 通过所述P-Z模型参数的方法计算对粗粒料的干样及饱和样进行拟合，对于一种材料确定两组P-Z模型参数，得到上下包线的拟合曲线。

(2) 用一个合适的衰减函数对不同围压下的湿化应力水平 S_w 与湿化轴向变形曲线进行拟合，得到不同围压下湿化应力水平 S_w 与湿化轴向变形间的函数关系；不同围压下，湿化体变与湿化应力水平 S_w 的函数关系用线性函数进行拟合。

(3) 计算中只考虑上游堆石料受湿化变形的影响，坝体在蓄水前上游堆石料采用干样对应的P-Z模型参数；在蓄水前一步，计算此时的上游堆石中浸水各单元的平均主应力(用以近似围压)及应力水平 S_w，通过第(2)步中获得的拟合函数差值，得到各浸水单元对应的湿化变形。

(4) 蓄水后，除改变有限元模型必需的边界条件及水荷载条件等，采用湿样对应的P-Z模型参数，此外还需应用式(4.6)将第(3)步得到的湿化变形转化为等效节点力施加在坝体上，计算得到的附加变形即为湿化变形。

具体计算方法为：通过湿化试验测得不同围压下轴应变与应力水平关系曲线 $\varepsilon_a-\sigma_s$ 和体应变与应力水平关系曲线 $\varepsilon_v-\sigma_s$，根据当前单元高斯点的应力状态计算当前围压和应力水平。由当前围压在试验曲线组中确定相近的试验曲线，然后再根据当前高斯点应力水平从试验曲线中计算得到相应的轴应变和体应变，最后把轴应变和体应变分配到当前荷载步的总应变里从而考虑湿化变形。

具体过程如下：

(1) 由试验测得不同围压下的 $\varepsilon_a-\sigma_s$ 和 $\varepsilon_v-\sigma_s$ 曲线，σ_{3-1} 为第一组曲线围压，绘制其 $\varepsilon_a-\sigma_s$ 和 $\varepsilon_v-\sigma_s$ 曲线；σ_{3-2} 为第二组曲线围压，绘制其 $\varepsilon_a-\sigma_s$ 和 $\varepsilon_v-\sigma_s$ 曲线；σ_{3-3} 为第三组曲线围压，绘制其 $\varepsilon_a-\sigma_s$ 和 $\varepsilon_v-\sigma_s$ 曲线。

(2) 当前单元高斯点得到的围压(如 σ_{3-x})和应力水平为 σ_s。通过当前围压在试验曲线中进行插值可知，需要第一组曲线和第二组曲线进行插值。并根据围压值计算每条曲线的系数。

$$a_1=\frac{\sigma_{3-2}-\sigma_{3-x}}{\sigma_{3-2}-\sigma_{3-1}};\quad a_2=1-a_1 \tag{4.52}$$

然后用当前应力水平 σ_s 在第一组和第二组试验曲线上插值得到轴应变 ε_{a1} 和 ε_{a2} 和体应变 ε_{v1} 和 ε_{v2}。然后按照式(4.53)根据两条曲线的系数计算当前单元高斯点上的轴应变和体应变。

$$\left.\begin{aligned}\varepsilon_a&=a_1\varepsilon_{a1}+a_2\varepsilon_{a2}\\\varepsilon_v&=a_1\varepsilon_{v1}+a_2\varepsilon_{v2}\end{aligned}\right\}\tag{4.53}$$

(3) 将求得的轴应变和体应变分配到当前荷载步的总应变的各应变分量里。对于体应变的分配，采用各方向应变平均分配，即

$$\left.\begin{aligned}\varepsilon'_x&=\varepsilon_x-\frac{1}{3}\varepsilon_v\\\varepsilon'_y&=\varepsilon_y-\frac{1}{3}\varepsilon_v\\\varepsilon'_z&=\varepsilon_z-\frac{1}{3}\varepsilon_v\end{aligned}\right\}\tag{4.54}$$

对轴应变的分配，需要先根据得到轴应变求得偏应变，然后再进行分配。对常规三轴压缩试验，体应变和偏应变用式（4.55）计算：

$$\left.\begin{aligned}\varepsilon_v&=-(\varepsilon_1+2\varepsilon_3)\\\varepsilon_s&=-\frac{1}{3}(\varepsilon_1-\varepsilon_3)\end{aligned}\right\}\tag{4.55}$$

式中：ε_1 即为轴应变 ε_a。

整合式（4.55），消去 ε_3 可以得到的偏应变的变形式（4.56）：

$$\varepsilon_3=-\frac{1}{3}(3\varepsilon_1+\varepsilon_v)\tag{4.56}$$

有塑性偏应变的计算式（4.57）为

$$\left.\begin{aligned}\mathrm{d}\varepsilon_s&=\frac{2}{3}\mathrm{d}e_{ij}\,\mathrm{d}e_{ji}\\\mathrm{d}e_{ij}&=a_{ij}\frac{\partial q}{\partial\sigma_{ij}}\end{aligned}\right\}\tag{4.57}$$

上式中假定各偏应变分量的分配系数不变，即 a_{ij} 不变，由已经得到的湿化偏应变和当前高斯点上$\dfrac{\partial q}{\partial\sigma_{ij}}$可以求得分配系数 a。然后由式（4.58）对轴应变进行分配：

$$\varepsilon'_v=\varepsilon_v-a\,\frac{\partial q}{\partial\sigma_v}\tag{4.58}$$

2. 有限元法分析

有限元法分析主要 3 个步骤，即离散化、单元分析和整体分析。本节将着重有限元分析法的基本思想及应用过程。

(1) 离散化。离散化是将一个连续的弹性体通过有限个网格的形式将它划分成相应独立的结构体。这一过程称为将整体进行有限元网格的划分。划分后的每一个小格就是一个单元，称为有限单元，也是有限元分析的最基本单位。

单元的端点称为节点，如果一个整体被分为有限个小单元体，假设一个用 n 个节点。

对于基本单元的形状选择，根据其整体图形的不同会有不同的选择。常见的平面二维单元形状有三角形、矩形、其他四边形等。常见的三维立体空间结构单元形状有三棱锥结构、六面体结构、不规则六面体结构等。以矩形为例，本章所有有限元计算都是以矩形为单元基础的。在平面二维条件中，将整体划分为有限个小矩形，当平面扩展为三维图形时，小矩形就被扩展为六面体结构。无论是矩形还是六面体，他们的受力特点是其节点为绞点，绞点受力产生位移，带动与绞点连接的矩形边产生位移，位移依次传递，进而分析出整个图形的变形。根据实际工程，任何工程都需要地基对其进行固定。在有限元法中，图形固定的方式为在相应的节点处设置一个铰支座或固定支座。铰支座只能传递竖向荷载，无法传递弯矩效果，固定支座既受轴向荷载又可产生弯矩效果。这就是外部约束的施加方法。对于有限元分析法，外力的施加才是产生变形的关键。而外力则被化简为单向力作用在节点上。将静力等效成位移作用在节点上，这就是外力的施加方式，称为等效节点力或等效节点荷载。

除等效荷载法外，还可以采用位移计算的方法。该方法的目的是计算节点位移，以位移为未知量，将位移分解为沿节点的 u 方向和 v 方向的两个分量。则第 i 号节点的位移可用公式$\vec{a}_i=\begin{Bmatrix} u_i \\ v_i \end{Bmatrix}$来表示。位移的产生需要荷载的作用，将产生 a_i 的节点位移的荷载表示为$\vec{R}_i$，则$\vec{R}_i$ 的表达式为$\vec{R}_i=\begin{Bmatrix} R_{ix} \\ R_{iy} \end{Bmatrix}$。通过以上分析，如果将整个图形的所有位移和荷载全部列成矩阵，则有下面的表达式(4.59)：

$$\vec{a}=[u_1v_1 \quad u_2v_2 \quad \cdots \quad u_nv_n]^{\mathrm{T}}$$

$$\vec{R}=[R_{1x}R_{1y} \quad R_{2x}R_{2y} \quad \cdots \quad R_{nx}R_{ny}]^{\mathrm{T}} \tag{4.59}$$

上式轴$\vec{a}$为整个图形的节点位移矩阵，$\vec{R}$为整个图形的等效节点力矩阵。随着两个矩阵的引用，从数学角度分析，我们将一个无限方向变形的问题，化简成了一个求所需要方向自由度的问题。从物理学角度分析，我们将一个整体的受力分析分解为面力作用下求解位移的问题，极大地提高了计算精度。

(2) 单元分析。通过上面分析，我们首先要求得节点位移，在通过节点位移计算出节点力的大小。其具体方法是，根据每个节点位移量表示出单元的整体位移量。见式(4.61)：

$$\vec{u}=\begin{Bmatrix} u \\ v \end{Bmatrix}=\vec{N}\vec{a}^{e} \tag{4.60}$$

上式中$\vec{u}$为单元整体位移向量。$\vec{N}$为每个个单元的节点个数，但$\vec{N}$是一个有方向的参数。$\vec{a}^e$ 为单元的节点位移矩阵。通过上式可以得到单元上的应变为$\varepsilon=\{\varepsilon_x \quad \varepsilon_y \quad \gamma_{xy}\}^{\mathrm{T}}=\vec{K}\vec{u}=\vec{K}\vec{N}\vec{a}^e=\vec{I}\vec{a}^e$。根据集合方程，$\varepsilon$ 为单元应变，$\vec{K}$，$\vec{I}$为了方便而引入的转化矩阵向量。根据应力应变关系可以计算得到单元的应力方程为：$\sigma=\{\sigma_x \quad \sigma_y \quad \tau_{xy}\}^{\mathrm{T}}=\vec{D}\varepsilon=\vec{D}\vec{K}\vec{a}^e=\vec{S}\vec{a}^e$。式中$\vec{K}$为一个三行六列的参数矩阵，$\vec{S}$为一个三横六列的应力参数矩阵。通过转化，我们得到$\vec{a}^e$ 矩阵为$\vec{a}^e=[u_1，v_1，u_2，v_2，u_3，v_3]^{\mathrm{T}}$。位移表示出来后，其对应的单元力可用$\vec{F}^e$ 来表示，即$\vec{F}^e=\{\vec{F}_1,\vec{F}_2,\vec{F}_3\}^{\mathrm{T}}=\{U_1,V_1,U_2,V_2,U_3,V_3\}^{\mathrm{T}}$ 式中 3 个分量表示一个单元有三个节点。U，V 表示每个节点的横向力和纵向力的分量。总结单元节点力的表示过程，可将上述推导参数整合为一个矩阵向量参数$\vec{k}$，这就是前文提到的单元刚度矩阵。将$\vec{k}$代入公式可得式（4.61）：

$$\vec{F}^e=\vec{k}\vec{a}^e \tag{4.61}$$

式中：$\vec{k}$为单元刚度矩阵。

（3）整体分析。前面已经将节点位移整合到单元位移，节点作用力整合为单元作用力。通过节点的平衡关系，可以求解相应的位移方程组。具体做法如下：

在整体图形的网格单元中选择一个节点 i，这个节点所受的力来自其周围图形节点的传递。根据经典牛顿力学定律可知，这些来自其他节点传递的力与其自身节点反力的大小相等，但方向相反。此外，节点 i 还会受到其周围单元体传递而来的不同方向的外荷载R_{ix}、R_{iy}等。根据平衡原则，对所有作用在节点 i 上的力求和，同一条线上的不同方向上的力大小要相等。因此有下式 $\sum_e U_i=\sum_e R_{ix}$，$\sum_e V_i=\sum_e R_{iy}$，将 $\sum_e U_i=\sum_e R_{ix}$，$\sum_e V_i=\sum_e R_{iy}$ 公式整合成一个整体为 $\sum_e \vec{F}_i=\sum_e \vec{R}_i$。在第一节的离散化中假设一个图形被有限元分解后有 n 个节点，则可以建立 $2n$ 个平衡方程。通过式（4.10）把单元受到的节点力用节点位移表示出来。结合公式 $\sum_e \vec{F}_i=\sum_e \vec{R}_i$。最终可以得到节点位移未知量的代数方程组，即最开始的假设，其表达式为

$$\vec{K}\vec{a}=\vec{R} \tag{4.62}$$

式中：$\vec{K}$为整体刚度矩阵，是单元刚度矩阵的和；$\vec{R}$为整体等效节点荷载，是单元节点力的和。通过上式便可求得节点位移。

从材料本身的角度出发，若材料是连续的，荷载｛R｝作用在该材料上，则

一定会产生相应的位移，用符号｛δ｝来表示。弹性材料，根据胡克定律荷载｛R｝和位移｛δ｝成线性正相关。但对于粗粒料而言，荷载｛R｝和位移｛δ｝是非线性的。由于荷载｛R｝和位移｛δ｝呈非线性，应力｛σ｝与应变｛ε｝也是非线性的。｛σ｝和｛ε｝的图像是抽象的，它不仅包含了应力各分量之间的变化还包含了在应力各分量整体作用下应变的总体变化和应变各分量的关系。胡克定律将弹性材料的斜率定义为弹性系数。在塑性变化中，我们将应力应变的曲线斜率看成塑性系数，用｛D｝表示。同理也可以将宏观的荷载｛R｝和位移｛δ｝之间的关系斜率看成相应的系数，用｛K｝表示，｛K｝称为劲度矩阵。

4.2.2.3 湿化模型计算

根据4.2.1与4.2.2所述，本节使用GID和Hypermesh软件进行图形的前后处理和网格剖分，采用Geohomaird程序进行数值模拟计算。通过模拟常规三轴试验和湿化试验，所得数值与试验结果进行对比，分析误差原因，优化计算。

本次试验采用直径150mm高300mm圆柱形试块。根据有限元法则，可以对试件进行二维平面简化。

具体操作步骤如下。

（1）沿圆柱体试块直径切开，提取截面，此时截面为一个宽150mm，高为300mm的矩形。

（2）沿矩形截面底边和顶边中点为起始和终止点切开，取矩形的一半；此时为底宽75mm，高为300mm的矩形。见图4.29。

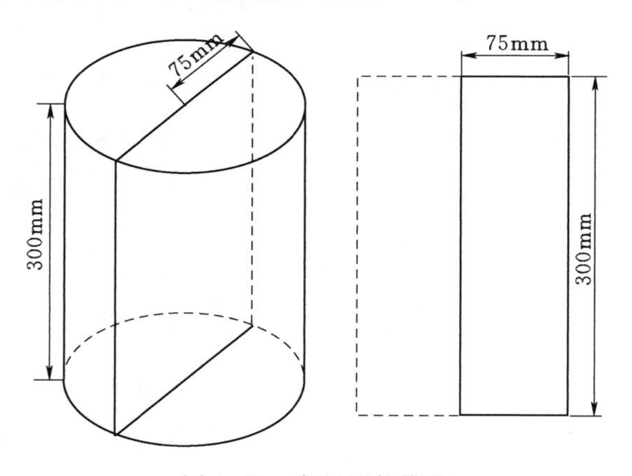

图4.29 实际试件模拟

此矩形为数值模拟所需二维矩形图形，此时通过约束条件对计算图形的左侧边施加固定左右向位移约束，因为左侧边为圆柱的中轴线，在试验过程中$\sigma_2=\sigma_3$；即围压是相同的，且以圆柱中心点为对称轴，两边的形变可以相互抵消。对底边施加固定竖向位移约束，模拟试验台与试件的接触面。模拟常规三轴压缩试验时，变形由围压和轴压控制。在右侧边和顶边施加均布荷载模拟围压。控制上部变形最大值为 0.045m，即试件高度最大值的 15%。

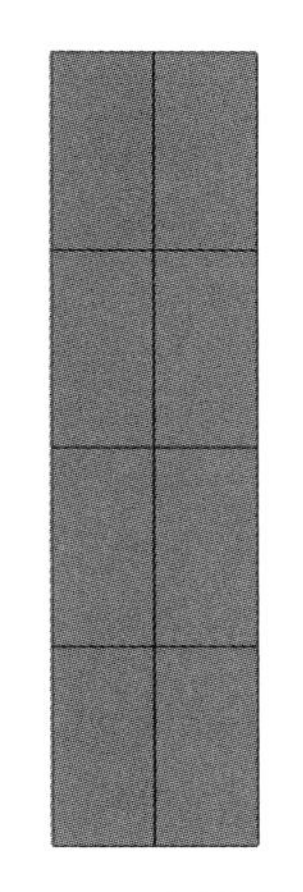

图 4.30　网格图形

网格剖分为 8 个网格、15 个节点，如图 4.30 所示。采用该图形进行有限元程序计算，本节对三轴压缩试验进行模拟，与试验数据进行对比来检验整个程序叠加计算是否符合实际情况。

1. P－Z 模型三轴试验模拟

本节以三轴压缩试验为模拟对象，采用数值模拟的方法对三轴压缩试验进行计算。本次三轴压缩试验选择围压 800kPa、1600kPa 和 2400kPa。数值模拟分别对不同围压结果进行计算。

当围压 σ_3＝800kPa 时，模拟三轴压缩试验计算结果如图 4.31 和图 4.32 所示。

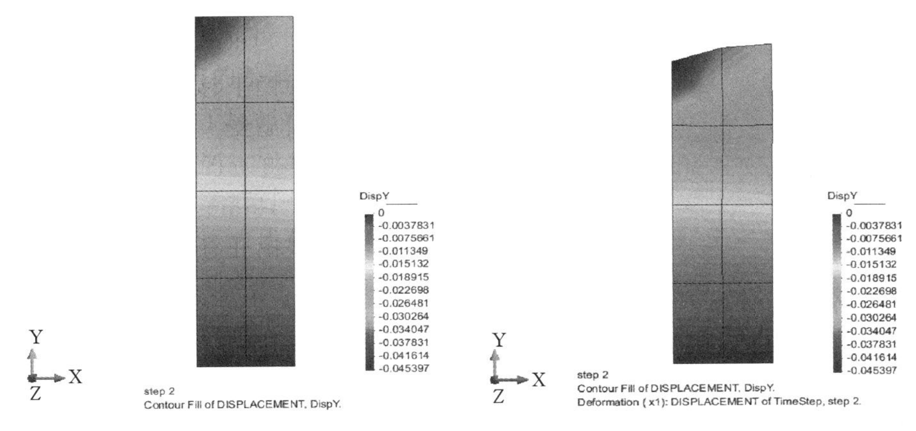

图 4.31　800kPa 压缩结果　　图 4.32　800kPa 压缩变形

根据《土工试验规程》（SL 237—1999）规定，当式样轴向应变达到式样高度的 15%时，即视为剪切破坏。图 4.33 和图 4.34 为实际试验点与数值模拟计算点对比图。

根据数值模拟结果与试验点对比，试验模拟轴应变与偏应力关系曲线图，总体呈对数函数趋势。最大轴应变误差为 12.5%，最大体应变误差为 13.6%，均小于 15%，符合计算要求。

当围压 σ_3＝1600kPa 时，模拟三轴压缩试验计算结果如图 4.35 和图 4.36 所示。

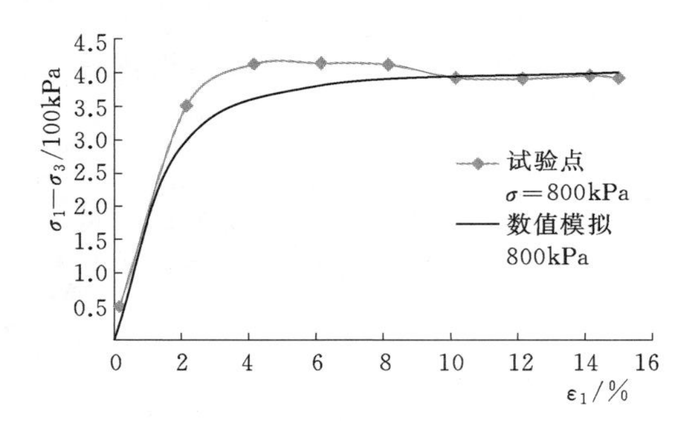

图 4.33 800kPa 轴应变与偏应力变化趋势对比

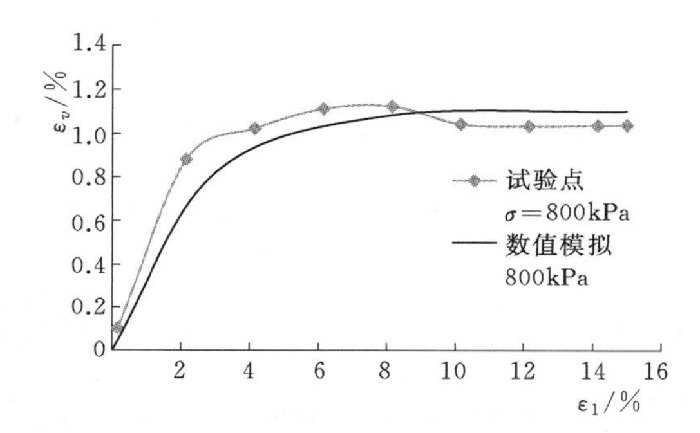

图 4.34 800kPa 轴应变与体应变变化趋势对比

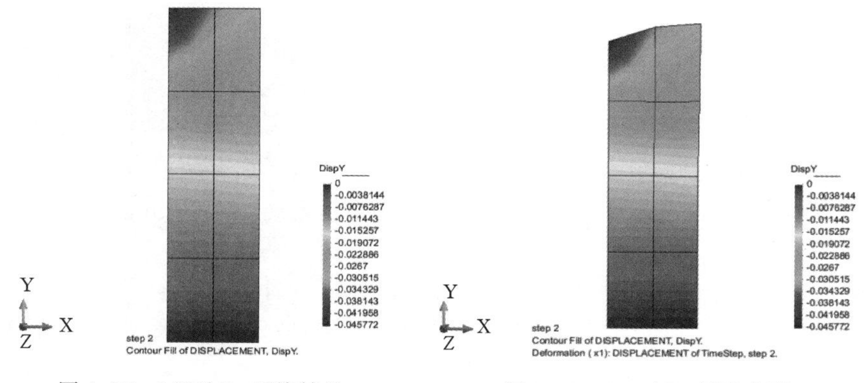

图 4.35 1600kPa 压缩结果

图 4.36 1600kPa 压缩变形

围压为 1600kPa 时，式样变形为总式样高度的 15%。图 4.37 和图 4.38 为实际试验点与数值模拟计算点对比图。

根据数值模拟结果与试验点对比，试验模拟轴应变与偏应力关系曲线图，总体呈对数函数趋势。最大轴应变误差为 7.7%，最大体应变误差为 11.1%，均

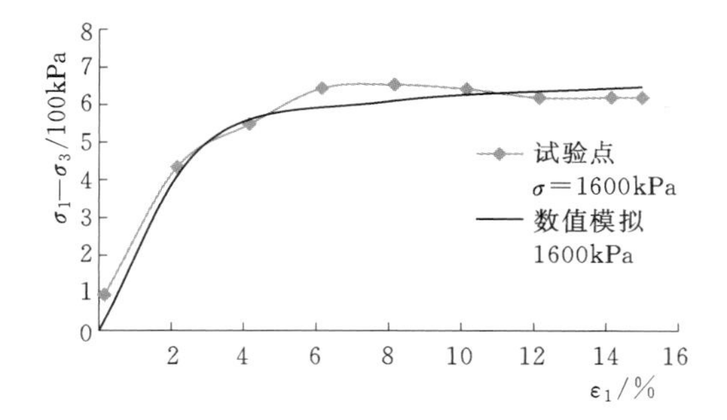

图 4.37 1600kPa 轴应变与偏应力变化趋势对比

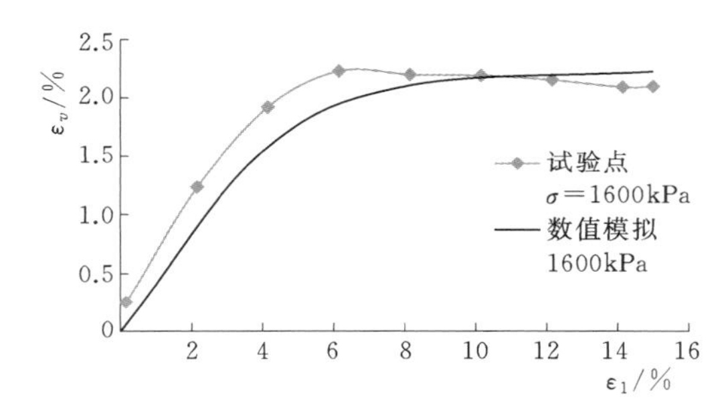

图 4.38 1600kPa 轴应变与体应变变化趋势对比

小于 15%，符合计算要求。

当围压 σ_3=2400kPa 时，模拟三轴压缩试验计算结果如图 4.39 和图 4.40 所示。

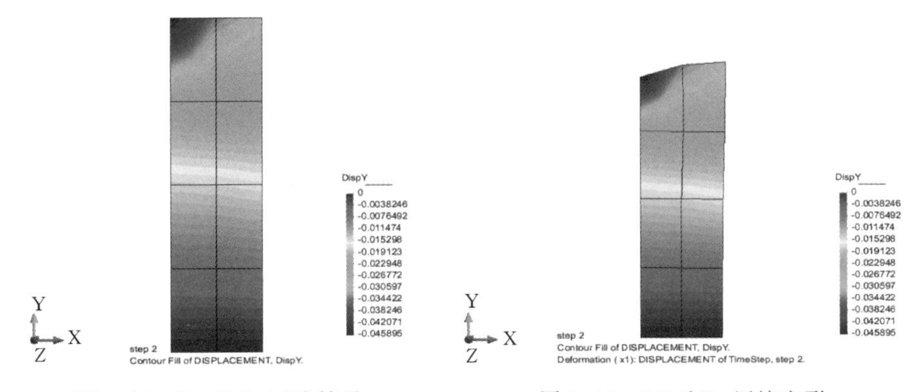

图 4.39 2400kPa 压缩结果　　图 4.40 2400kPa 压缩变形

围压为 2400kPa 时，式样变形为总式样高度的 15%。图 4.41 和图 4.42 为实际试验点与数值模拟计算点对比图。

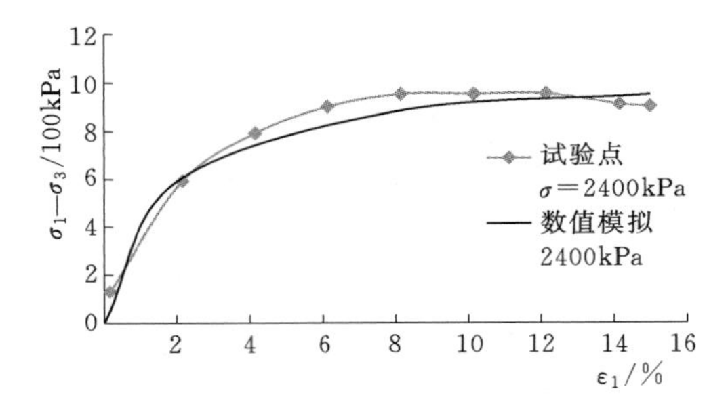

图 4.41　2400kPa 轴应变与偏应力变化趋势对比

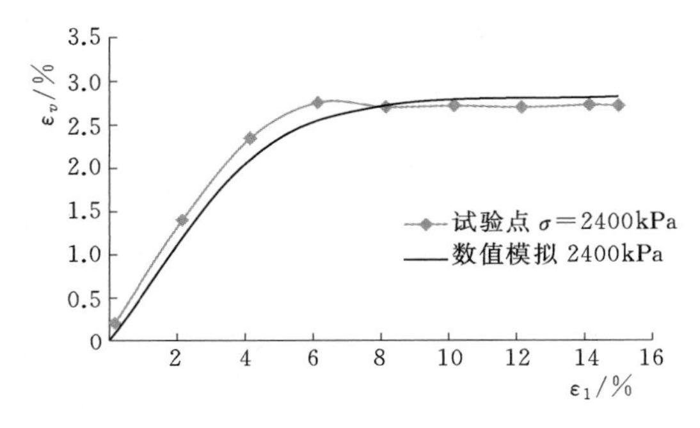

图 4.42　2400kPa 轴应变与体应变变化趋势对比

根据数值模拟结果与试验点对比，试验模拟轴应变与偏应力关系曲线图，总体呈对数函数趋势。最大轴应变误差为 9.5%，最大体应变误差为 7.4%，均小于 15%，符合计算要求。

将试验实测值与模拟计算值对比分析，绘制得到图 4.43 和图 4.44。

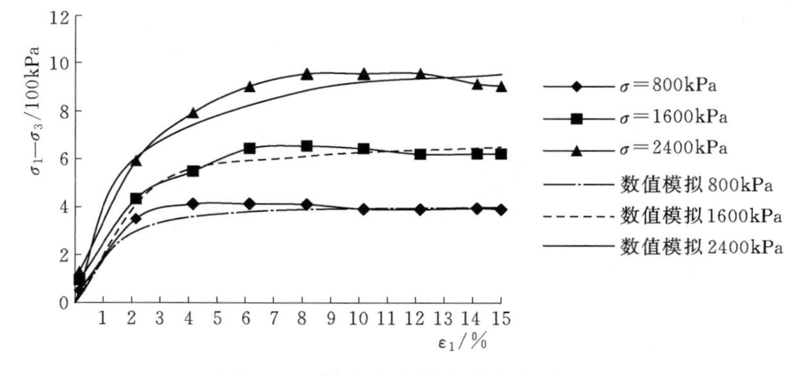

图 4.43　轴应变与偏应力变化对比

根据图 4.43 和图 4.44 可知数值模拟可以反映数值模拟计算值得出的 ε_1—

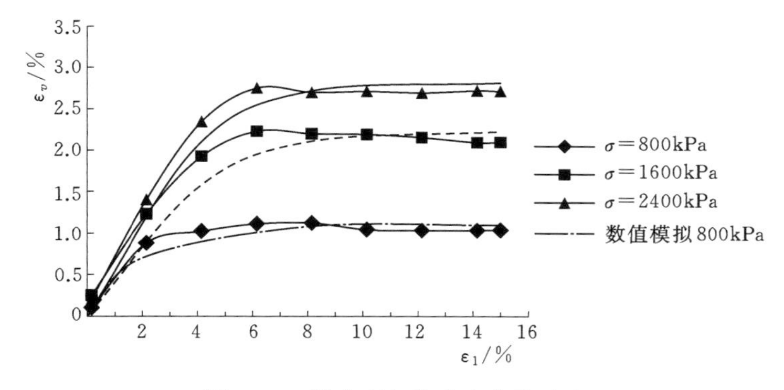

图 4.44 轴应变与体应变变化对比

$(\sigma_1-\sigma_3)$ 变化与试验实际值 $\varepsilon_1-(\sigma_1-\sigma_3)$ 变化趋势，模拟结果较为吻合。随着轴应变 ε_1 的增大，偏应力 $\sigma_1-\sigma_3$ 也随之增大。误差小于试验所允许的最大误差15%。通过三轴压缩试验数值模拟结果：P-Z 模型可以较好地模拟粗粒料试验压缩值，为下一节湿化变形预测奠定了基础。

2. P-Z 湿化模型计算

本节对湿化模型公式进行拟合，根据试验数据绘制不同围压下湿化水平 S_w 与轴应变 $\Delta\varepsilon_1$ 的关系曲线图，如图 4.45 所示。绘制不同应力水平下围压 σ_3 与轴应变 $\Delta\varepsilon_1$ 的关系曲线图，如图 4.46 所示。

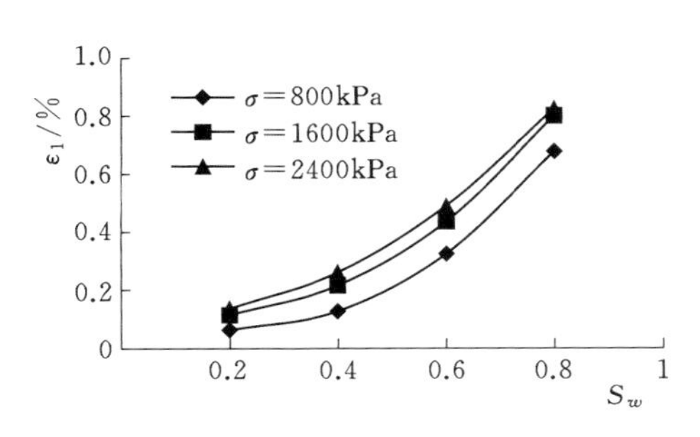

图 4.45 湿化水平与轴应变关系曲线

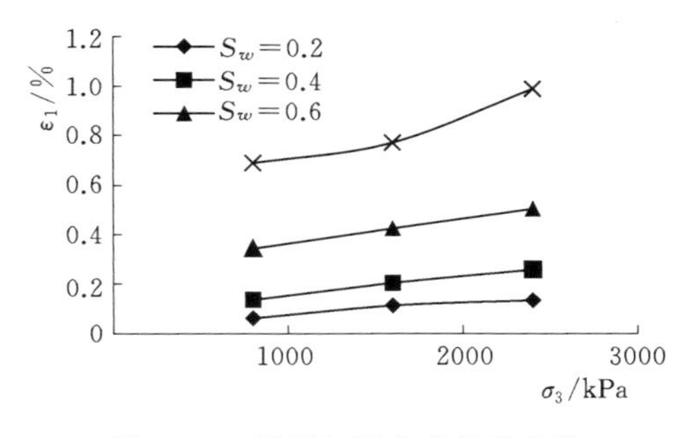

图 4.46 围压与轴应变关系曲线

(1) 湿化轴向应变 $\Delta\varepsilon_1$。由图 4.45 所示，当围压固定不变时，轴应变随湿化水平的增加而增大，且由图 4.45 可以近似得出轴应变与湿化水平成函数增长，目前国内学者都采用双曲线模型模拟湿化轴应变与湿化应力水平两者的关系。但笔者从试验数据趋势发现，轴向应变与湿化水平的拟合可以采用指数函数模拟，并通过试验验证和公式推导，得到较好的拟合效果；当在同一湿化水平条件下，湿化轴应变随围压的增加而增加，且湿化轴应变与围压成线性相关。

将 $\Delta\varepsilon_1-S_w$ 图像采用指数函数拟合。如下公式：

$$\Delta\varepsilon_1 = a\,e^{bS_w} \tag{4.63}$$

式中引入参数 a，b。a 是修正参数，a 与围压有关。在围压一定时，轴向应变随着湿化水平的增大而增大，函数关系呈指数分布。

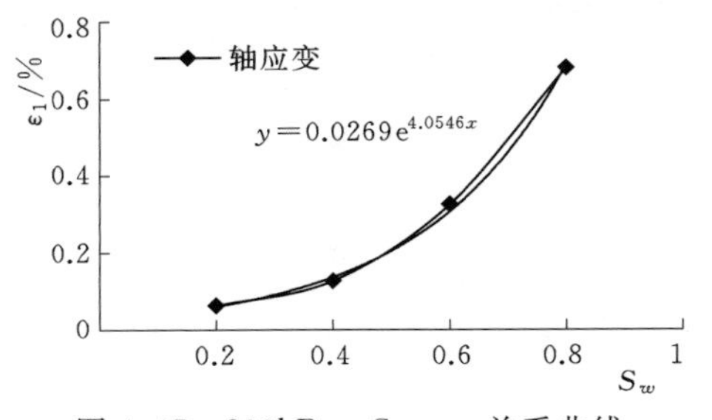

图 4.47　800kPa，$S_w-\varepsilon_1$ 关系曲线

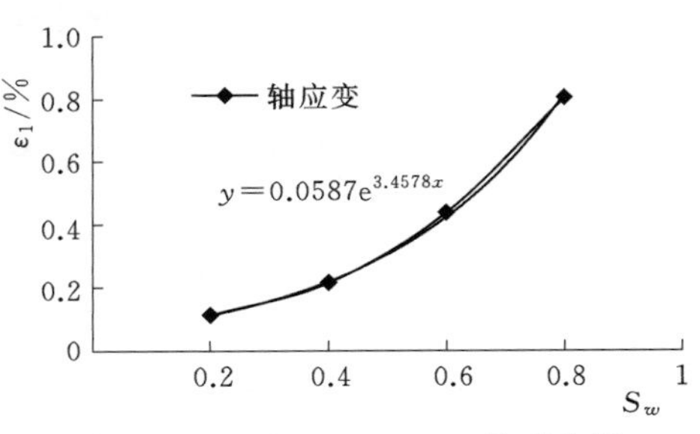

图 4.48　600kPa，$S_w-\varepsilon_1$ 关系曲线

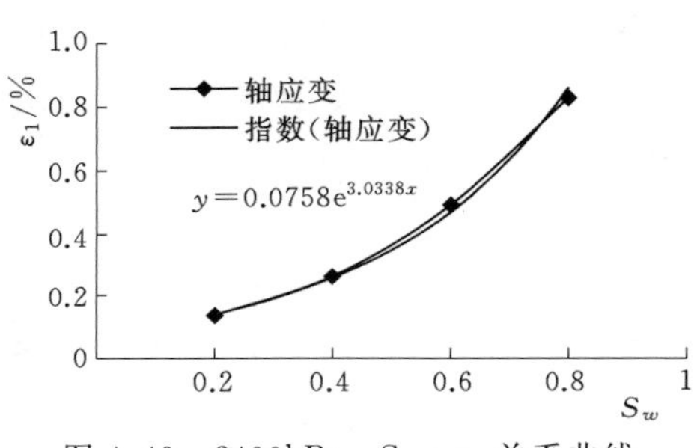

图 4.49　2400kPa，$S_w-\varepsilon_1$ 关系曲线

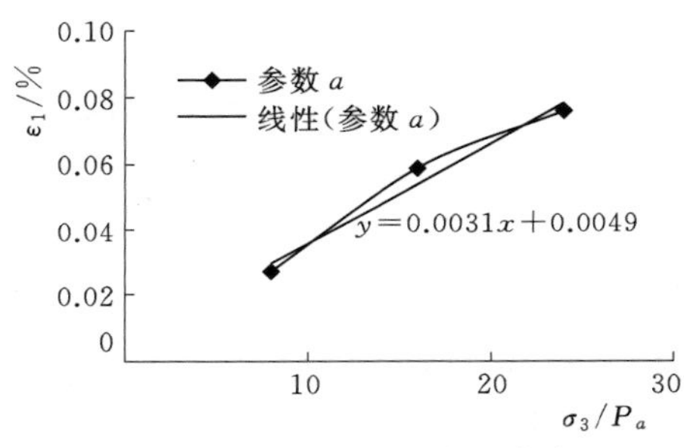

图 4.50　$a-\sigma_3/P_a$ 关系曲线

由图 4.47～图 4.49 得到围压 800kPa 时，拟合函数为 $\Delta\varepsilon_1=0.0269e^{4.0546S_w}$，得到参数 a 为 0.0269；围压 1600kPa 时，拟合函数为 $\Delta\varepsilon_1=0.0587e^{3.4578S_w}$，得到参数 a 为 0.0587；围压 2400kPa 时，拟合函数为 $\Delta\varepsilon_1=0.0758e^{3.0338S_w}$，得到参数 a 为 0.0758；将不同围压条件下参数 a 绘制成图，可以得到参数 a 随围压的增大而增大，且函数关系呈线性关系，如式（4.64）：

$$a = k_1\frac{\sigma_3}{P_a}+b_1 \tag{4.64}$$

b 为湿化水平的修正参数，当湿化水平不变时，修正参数 b 也与围压有关，绘制不同湿化水平下，围压与参数 b 的图像可得，参数 b 随围压的增加而减小，且呈线性变化趋势。将参数 b 的计算公式定义为式（4.65）：

$$b = k_2\frac{\sigma_3}{P_a}+b_2 \tag{4.65}$$

其中 k_2，b_2 为参数，趋势变化如图 4.51 所示。

将式（4.64）、式（4.65）代入式（4.63）中得湿化轴应变公式：

$$\Delta\varepsilon_1 = \left(k_1\frac{\sigma_3}{P_a}+b_1\right)e^{\left(k_2\frac{\sigma_3}{P_a}+b_2\right)S_w} \tag{4.66}$$

(2) 湿化体应变 $\Delta\varepsilon_v$。当围压不变时，统计湿化体应变与湿化水平的 $\Delta\varepsilon_v$ -S_w 图像可知，湿化体应变随湿化水平将的增加而增加，且呈线性变化。故将 $\Delta\varepsilon_v$ - S_w 拟合成一条直线式(4.67)：

$$\Delta\varepsilon_v = cS_w + d \tag{4.67}$$

式中：c 为拟合参数。其斜率与围压有关。

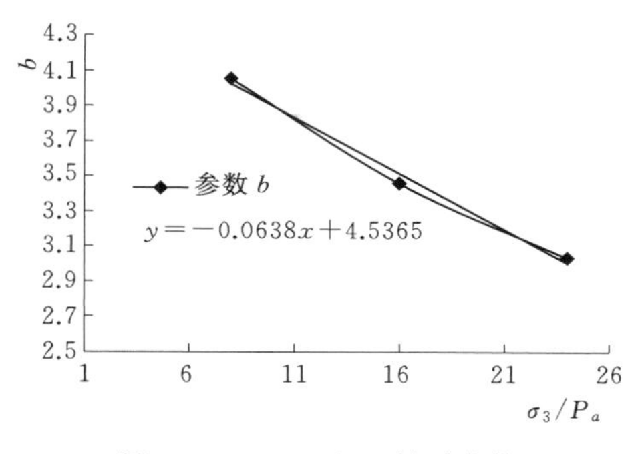

图 4.51 b -σ_3/P_a 关系曲线

由图 4.52～图 4.55 可得到在σ_3 = 800kPa，S_w -ε_v 拟合关系曲线为 $\varepsilon_v = 0.5274S_w + 0.0068$；在 $\sigma_3 = 1600$kPa，S_w -ε_v拟合关系曲线为 $\varepsilon_v = 0.5128S_w + 0.1184$；在 $\sigma_3 = 2400$kPa，S_w -ε_v 拟合关系曲线为$\varepsilon_v = 0.5466S_w + 0.2287$。将不同围压条件下参数 c 绘制成参数 c -$\frac{\sigma_3}{P_a}$ 关系图。

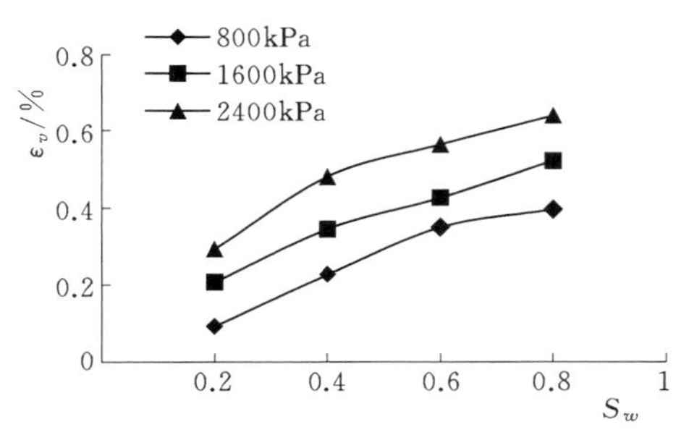

图 4.52 S_w -ε_v 关系曲线

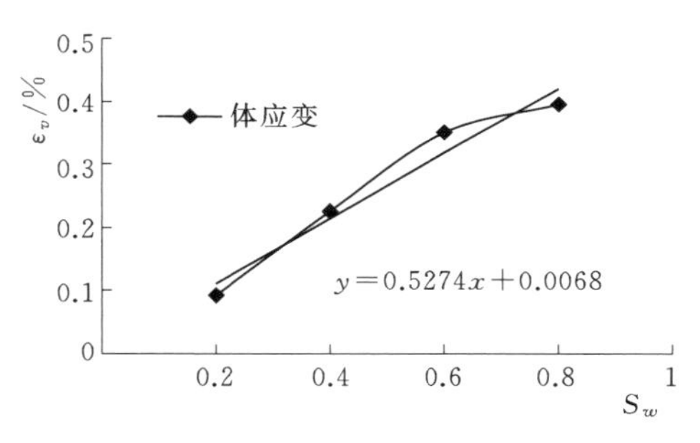

图 4.53 800kPa，S_w -ε_v 关系曲线

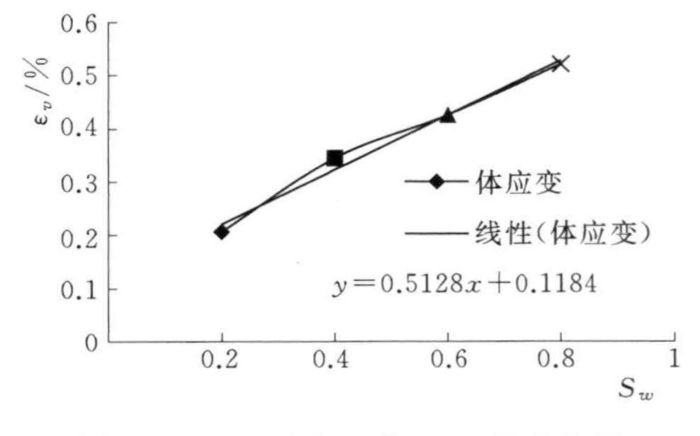

图 4.54 1600kPa，S_w -ε_v 关系曲线

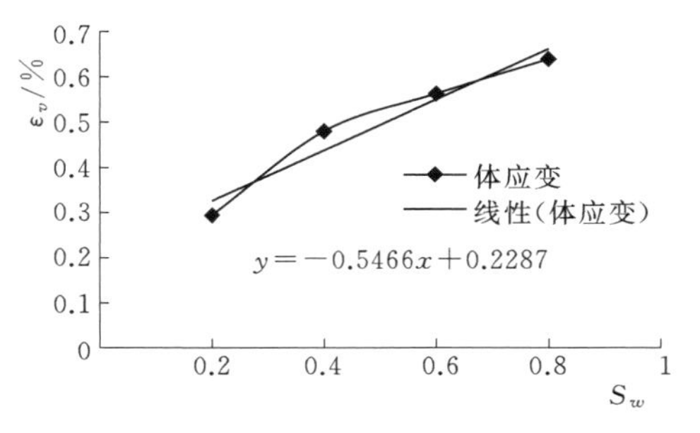

图 4.55 2400kPa，S_w -ε_v 关系曲线

拟合函数的斜率 c 与围压的关系曲线，参数 c 的拟合公式 (4.68)：

$$c=k_v\frac{\sigma_3}{P_a}+b_v \tag{4.68}$$

式中：k_v 为拟合斜率，可通过实验数据计算得到；b_v 为湿化体应变修正参数。

参数 d 的物理意义为当湿化水平为 0 时，仅在围压作用下土体的体积应变量，为不同围压下直线的截距。魏松等发现，当湿化应力水平为 0 时，湿化体积应变与湿化轴向应变的比值在 3 倍左右。根据试验所测数据可对参数 d 的具体计算方法进行推导；不同围压下截距并不相同，且截距值随围压增大而增大。绘制参数 d-$\frac{\sigma_3}{P_a}$关系图，拟合公式为式（4.69）：

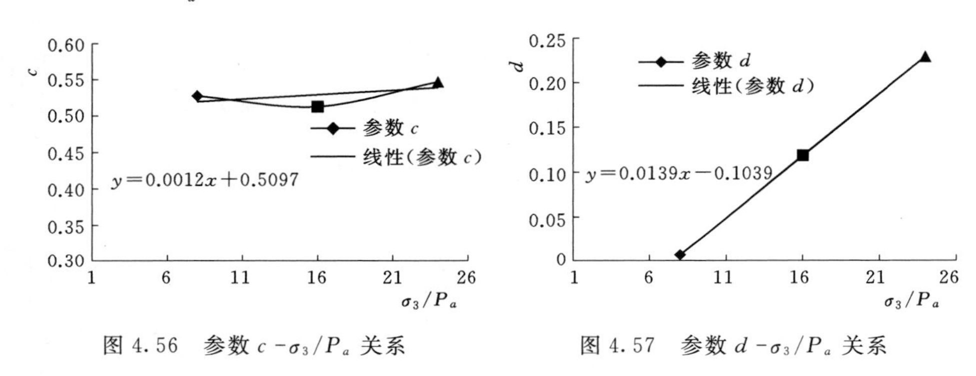

图 4.56　参数 c-σ_3/P_a 关系　　图 4.57　参数 d-σ_3/P_a 关系

$$d=k'_v\frac{\sigma_3}{P_a}+b' \tag{4.69}$$

式中：k'_v 为图像斜率，可由试验数据计算得到；b'为截距修正参数，其物理意义为在无围压状态（$\sigma_3=0$）时，土体在其自身重力影响下，产生的体积变形，即自然沉降带来的体应变由 b'来表示。其计算结果能较好地拟合试验曲线。

将式（4.68）与式（4.69）代入式（4.67）得到新的湿化体应变公式。

$$\Delta\varepsilon_v=\left(k_v\frac{\sigma_3}{P_a}+b_v\right)S_w+k'_v\frac{\sigma_3}{P_a}+b' \tag{4.70}$$

本节对湿化轴应变与湿化水平关系函数采用指数函数代替双曲线函数，通过湿化试验数据拟合得到新函数公式，新公式可以较好地拟合试验数据，且直观地反映各参数所代表的实际物理含义。对湿化体应变与湿化水平关系函数采用线性函数拟合，通过湿化试验数据拟合出函数公式，并对公式参数进行计算和物理意义解释。对于湿化为 0 时的体应变计算大多采用近似法，近似法认为体应变是轴应变的 3 倍。本节通过试验数据分析总结提出了轴应变与体应变变化趋势，归纳总结得到变化函数。此函数对比近似法拟合度更加完好。所得湿化计算公式可以较好地反映粗粒料的湿化变形情况。

3. P-Z模型湿化试验验证

本节根据上节所述湿化模型，进行有限元编程计算；验证数值模拟结果与试验结果拟合情况。

试验设置条件：先固定试验模拟围压，在同一围压下施加不同的轴向荷载。分别计算干样和饱和样沉降变化和侧向变化，湿样变形与干样变形相减得到所需计算湿化变形。

湿化变形计算结果如下。

当围压为800kPa时，结果如图4.58～图4.65所示。

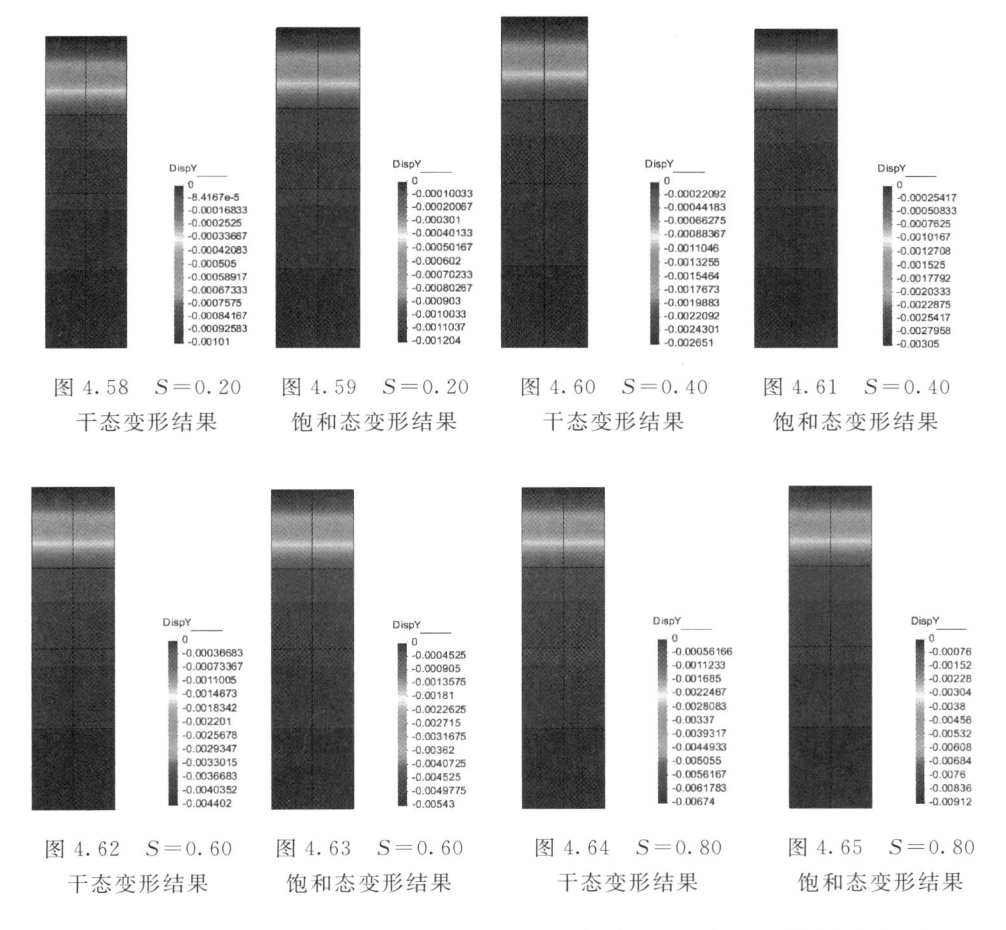

图4.58 $S=0.20$ 干态变形结果

图4.59 $S=0.20$ 饱和态变形结果

图4.60 $S=0.40$ 干态变形结果

图4.61 $S=0.40$ 饱和态变形结果

图4.62 $S=0.60$ 干态变形结果

图4.63 $S=0.60$ 饱和态变形结果

图4.64 $S=0.80$ 干态变形结果

图4.65 $S=0.80$ 饱和态变形结果

汇总计算图4.58～图4.65计算结果，并与实际试验测试结果进行对比可知，模型计算结果轴应变和体应变与试验测试结果误差均小于15%，认为模型计算结果与试验结果拟合较为良好。

当围压为1600kPa时，结果如图4.66～图4.73所示。

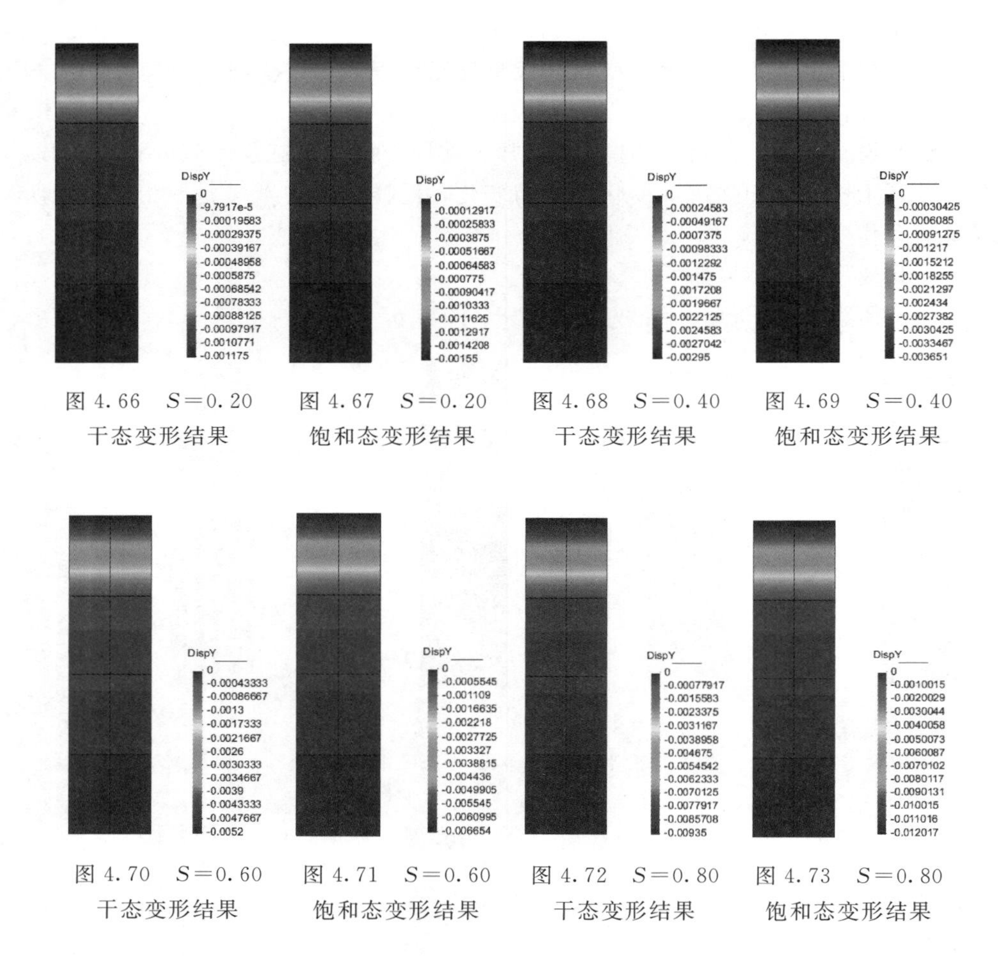

图 4.66　$S=0.20$ 干态变形结果

图 4.67　$S=0.20$ 饱和态变形结果

图 4.68　$S=0.40$ 干态变形结果

图 4.69　$S=0.40$ 饱和态变形结果

图 4.70　$S=0.60$ 干态变形结果

图 4.71　$S=0.60$ 饱和态变形结果

图 4.72　$S=0.80$ 干态变形结果

图 4.73　$S=0.80$ 饱和态变形结果

汇总计算图 4.66～图 4.73 计算结果，并与实际试验测试结果进行对比可知，模型计算结果轴应变和体应变与试验测试结果误差均小于 15%，认为模型计算结果与试验结果拟合较为良好。

当围压为 2400kPa 时，结果如图 4.74～图 4.81 所示。

汇总计算图 4.74～图 4.81 计算结果，并与实际试验测试结果进行对比可知，模型计算结果轴应变和体应变与试验测试结果误差均小于 15%，认为模型计算结果与试验结果拟合较为良好。

综上：为了得到可以反映粗粒料湿化变形的模型，本节在湿化试验变形的基础上，总结得到湿化变形公式并引入湿化变形参数；以 P-Z 模型为基础，结合湿化变形公式提出适合反映粗粒料湿化变形的计算模型，最后得到以下主要结论。

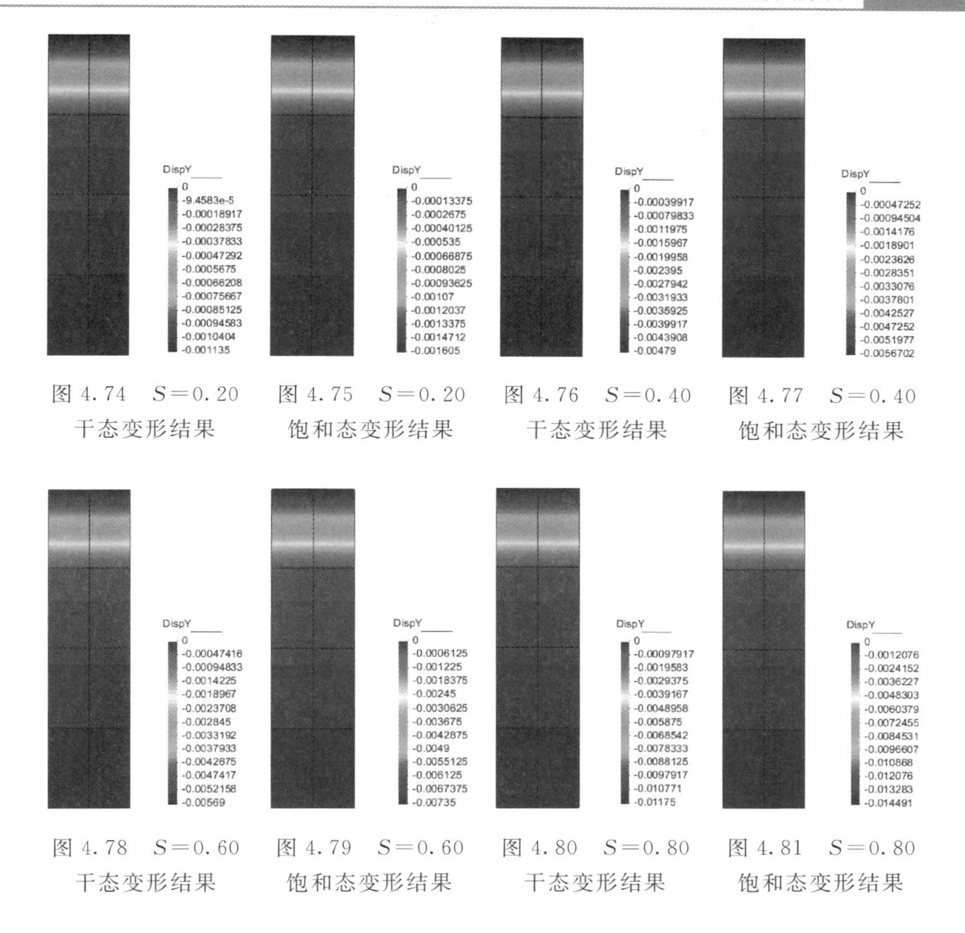

图 4.74 $S=0.20$ 干态变形结果

图 4.75 $S=0.20$ 饱和态变形结果

图 4.76 $S=0.40$ 干态变形结果

图 4.77 $S=0.40$ 饱和态变形结果

图 4.78 $S=0.60$ 干态变形结果

图 4.79 $S=0.60$ 饱和态变形结果

图 4.80 $S=0.80$ 干态变形结果

图 4.81 $S=0.80$ 饱和态变形结果

(1) P-Z模型因其具是通过加载方向矢量和塑性势加卸载方向矢量确定屈服面及塑性势面，可以极大提高对粗粒料的应力应变关系的计算精度。为P—Z模型应用于粗粒料的湿化变形计算提供基础。

(2) 通过室内湿化试验，在变形破坏范围内（轴应变小于15%）分别对湿化水平-湿化轴应变和湿化水平-湿化体应变进行拟合。粗粒料湿化轴应变与湿化水平成指数相关，湿化轴应变随湿化水平增大而增大；湿化体应变与湿化水平变成线性相关，湿化体应变随湿化轴应变增加而增大。

(3) 湿化体应变计算公式中引入修正参数 d。该参数反映当湿化水平为0时，围压与体应变之间的关系。湿化变形公式所有参数均与材料的种类有关。

(4) 将湿化变形公式与P-Z模型结合得到适合粗粒料的湿化变形模型，通过试验与有限元对比，在800kPa、1600kPa和2400kPa 3种不同围压和0.20、0.40、0.60和0.80 4种不同湿化水平共12种情况下，结果误差均小于15%。本章所得到的湿化计算模型是合理的。

本章参考文献

[1] Mrozz，Zienkiewicz O C. Uniform formulation of constitutive equations for clays and sands [J]. Mechanics of Engineering Materials，C. S. Desai and R. H. Gallagher，Wiley，1984，12：415-449.

[2] Pastor M. A generalized plasticity hierarchical model for sand under monotonic and cyclic loading [J]. Proc. int. conf. on Numerical Models in Geomechanics Ghent Belgium，1986：141-150.

[3] Zhang Hongyang，Li Shuai，Zhang Xianqi，et al. Research on Method of Dynamic Stability Analysis for Slopes of Earth and Rockfill Dam Basing on the P-Z Model [J]. Technical Gazette，2018，25 (1)：230-235.

[4] 张宏洋，李同春，宫必宁，等. 砂土的P-Z模型介绍及振动台试验验证 [J]. 水力发电学报，2009，28 (5)：182-186，178.

[5] 李宏恩，李铮，徐海峰，等. Pastor-Zienkiewicz状态相关本构模型及其参数确定方法研究 [J]. 岩土力学，2016，37 (6)：1623-1632.

[6] 张晨辉，梁舟舟，何宗科. P-Z模型在堆石坝应力特性应用研究 [J]. 硅谷，2014，7 (12)：58，48.

[7] ERICH Bauer. Constitutive Modelling of Wetting Deformation of Rockfill Materials [J]. International Journal of Civil Engineering，2019，17 (4)：481-486.

[8] FU Zhongzhi，CHEN Shengshui，PENG Cheng. Modeling Cyclic Behavior of Rockfill Materials in a Framework of Generalized Plasticity [J]. International Journal of Geomechanics，2014，14 (2)：191.

[9] PASTOR M，ZIENKIEWICZ O C，CHAN A H C. Generalized plasticity and the modeling of soil behavior [J]. Int. J. Numer Anal Meth Geomech，1990，14 (1)：151-160.

[10] Balasubramanian A. Deformation and strength characteristics of soft Bangkok clay [J]. Journal of Geotechnical Engineering，1978，104 (9)：1153-1167.

[11] MROZ Z，DIETER Weichert，STANISLAW Dorosz. Inelastic behaviour of structures under variable loads [M]. Berlin：Springer Science & Business Media，2012.

[12] PASTOR M，CHAN A H C，MIRA P，et al. Computational geomechanics：the heritage of Olek Zienkiewicz [J]. International Journal for Numerical Methods in Engineering，2011，87 (1-5)：457-489.

[13] JEFFERIES M，BEEN K. Soil liquefaction：a critical state approach [M]. Boca Raton：CRC press，2015.

[14] ZHANG Hongyang，HAN Liwei，ZHANG Xiangqi，et al. The P-Z model for core materials of earth-rockfill dam. International journal of earth sciences and engineering，2014，7 (2)：668-774.

[15] 陈生水，彭成，傅中志. 基于广义塑性理论的堆石料动力本构模型研究 [J]. 岩土工程学报，2012，34 (11)：1961-1968.

[16] YAN Zhonghui，LUAN Xiwu，WANG Yun，et al. Seismic random noise attenuation based on

empirical mode decomposition of fractal dimension [J]. Chinese Journal of Geophysics - chinese edition, 2017, 60 (7): 2845 - 2857.

[17] MA Yanyan, LI Guofa, WANG Yaojun, et al. Random noise attenuation by f - x spatial projection - based complex empirical mode decomposition predictive filtering [J]. Applied Geophysics, 2015, 12 (1): 47 - 54.

[18] ZHANG Jianwei, BAO Zhenlei, JIANG Qi, et al. Research on characteristics information identification for flood discharge structure based on SVD and improved EMD [J]. Journal of Basic Science and Engineering, 2016, 24 (4), 698 - 711.

[19] LI Chengye, LIAN, JiJian, LIU Fang, et al. An improved filtering method based on EMD and wavelet - threshold and its application in vibration analysis for a flood discharge structure [J]. Journal of Vibration and Shock, 2013, 32 (19), 63 - 70, 110.

[20] LI Chengye, LIU Fang, MA Bin, et al. Study on modal parameters identification method of high arch dam based on improved Hilbert - Huang transform [J]. Journal of Hydroelectric Engineering, 2012, 31 (1), 48 - 55.

[21] SU Huaizhi, YANG Meng, WEN Zhiping. Deformation - based safety monitoring model for high slope in hydropower project [J]. Journal of Civil Structural Health Monitoring, 2016, 6 (5): 779 - 790.

[22] 谭志英. 大坝安全评估云模型应用探析 [J]. 水利建设与管理, 2016, 36 (9): 52 - 55.

[23] 朱凯, 秦栋, 汪雷, 等. 云模型在大坝安全监控指标拟定中的应用 [J]. 水电能源科学, 2013, 31 (3): 65 - 68.

[24] 张涛. 大坝工作性态安全评估模糊云模型及其应用 [J]. 水力发电, 2017, 43 (5): 112 - 118.

[25] ZHOU Keping, LIN Yun, DENG Hongwei, et al. Prediction of rock burst classification using cloud model with entropy weight [J]. Transactions of Nonferrous Metals Society of China, 2016, 26 (7): 1995 - 2002.

[26] WANG Fei, ZHONG Denghun, YAN Yuling, et al. Rockfill dam compaction quality evaluation based on cloud - fuzzy model [J]. Journal of Zhejiang University - science a, 2018, 19 (4): 289 - 303.

[27] GRÖCHENING K. Foundations of time - frequency analysis [M]. Berlin: Springer Science & Business Media, 2013.

[28] 向丹, 葛爽. 基于 EMD 样本熵- LLTSA 的故障特征提取方法 [J]. 航空动力学报, 2014, 29 (7): 1535 - 1542.

[29] 李德毅, 刘常昱, 杜鹢, 等. 不确定性人工智能 [J]. 软件学报, 2004, 15 (11): 1583 - 1594.

[30] WANG Guoying, XU Changlin, LI Deyi. Generic normal cloud model [J]. Information Sciences, 2014, 280 (280): 1 - 15.

[31] LIU Yachao, LI Deyi, HE Wen, et al. Granular Computing Based on Gaussian Cloud Transformation [J]. Fundamenta Informaticae, 2013, 127 (1 - 4): 385 - 398.

[32] WANG Jiangqing, PENG Juanjuan, ZHANG Hongyu, et al. An Uncertain Linguistic Multi - criteria Group Decision - Making Method Based on a Cloud Model [J]. Group Decision & Negotiation, 2015, 24 (1): 171 - 192.

[33] 杨洁，王国胤，刘群，等. 正态云模型研究回顾与展望 [J]. 计算机学报，2018，41 (3)：724-744.

[34] 张秋文，章永志，钟鸣. 基于云模型的水库诱发地震风险多级模糊综合评价 [J]. 水利学报，2014，45 (1)：87-95.

[35] LIU Jie，WEN Gailin. Continuum topology optimization considering uncertainties in load locations based on the cloud model [J]. Engineering Optimization，2017：1041-1060.

[36] PENG Hongguang，WANG Jianqiang. A Multicriteria Group Decision-Making Method Based on the Normal Cloud Model With Zadeh'sZ-Numbers [J]. Institute of Electrical and Electronics Engineers Transactions on Fuzzy Systems，2018，26 (6)：3246-3260.

[37] WANG Dong，LIU Denfeng，DING Hao，et al. A cloud model-based approach for water quality assessment [J]. Environmental research，2016，148 (1)：24-35.

[38] LIU Yu，LI Deyi. Statistics on atomized feature of normal cloud model [J]. Journal of Beijing University of Aeronautics and Astronautics，2010，36 (11)：1320-1324.

[39] WANG Xintong，LI Shucai，XU Zhenhao，et al. Risk assessment of water inrush in karst tunnels excavation based on normal cloud model [J]. Bulletin of Engineering Geology and the Environment，2019，78 (5)：3783-3798.

[40] 魏匡民，陈生水，李国英，等. 位移多点约束法在面板堆石坝精细模拟中的应用研究 [J]. 岩土工程学报，2020，42 (4)：616-623.

[41] NSYLOR D J，TONG S L，SHAHKARAMI A. A. Numerical modeling of saturation shrinkage [A]. Published by Elseuer，1989.

[42] 李国英，苗喆，米占宽. 深厚覆盖层上高面板坝建基条件及防渗设计综述 [J]. 水利水运工程学报，2014 (4)：1-6.

[43] ANTHINIAC P，BONELLI S. Modelling saturation settlements in rockfill dams [A]. Proceedings of the international symposium on new Trends and Guidelines on Dam Safety. Barcelona Spain，1998，2.

[44] ORDEMIR I. Compression of alluvial deposits due to wetting [C] //Proceedings of the 11th International Conference on Soil Mechanics and Foundation Engineering. 1985. 4.

[45] HAYASHI M. Progressive Submerging Settlement during Water Loading to Rockfill Dam. Initial strain analysis，material property and observed results. Proceedings "Criteria and Assumptions for Numerical Analysis of Dams" . Swansea. 1975：867-880.

[46] KAST K，BRAUSE J. Influence of the extent of Geological Disintegration in the Behavior of Rockfill [C]. Proceedings of the 11th International Conference on Soil Mechanics and Foundation Engineering，1985，4.

[47] 张延亿. 浸水湿化和水位升降条件下堆石材料变形特性研究 [D]. 北京：中国水利水电科学研究院，2018.

[48] JIA Yufeng，XU Bin，CHI Shichun，et al. Particle Breakage of Rockfill Material during Triaxial Tests under Complex Stress Paths [J]. International Journal of Geomechanics，2019，19 (12).

[49] 苗雷强. 基于单、双线法的冀南地区黄土湿陷性评价试验研究 [J]. 河北地质大学学报，2018，41 (5)：44-47.

[50] HASHIBA K，FUKUI K. Effect of Water on the Deformation and Failure of Rock in Uniaxial

Tension [J]. Rock Mechanics and Rock Engineering. 2015, 48 (5): 1751-1761.

[51] CHEN Xuxin, HE Ping, QIN Zhe. Strength Weakening and Energy Mechanism of Rocks Subjected to Wet-Dry Cycles [J]. Geotechnical and Geological Engineering. 2019, 37 (5): 3915-3923.

[52] 丁艳辉，张丙印，钱晓翔，等. 堆石料湿化变形特性试验研究 [J]. 岩土力学，2019，40 (8): 2975-2981，2988.

[53] 赵振梁，朱俊高，杜青，Mohamed Ahmad ALSAKRAN. 粗粒料湿化变形三轴试验研究 [J]. 水利水运工程学报，2018 (6): 84-91.

[54] 迟世春，周雄雄. 堆石料的湿化变形模型 [J]. 岩土工程学报，2017，39 (1): 48-55.

[55] 介玉新，张延亿，杨光华. 土石料湿化变形计算方法探讨 [J]. 岩土力学，2019，40 (1): 11-20.

第5章　基于云理论的土石坝材料参数反演研究

本章从土石坝材料的不确定性，本构模型参数的模糊性、随机性以及模型参数的反演分析入手，以邓肯-张 E－ν 模型为计算基础，利用三轴剪切试验数据及所建立的有限元计算模型，建立起不确定性云推理反演计算模型，对邓肯-张 E－ν 模型参数进行反演研究。

1. 以邓肯-张 E－ν 模型为基础，计算模型参数

运用常规三轴仪进行三轴剪切试验，向试件施加轴向压力，剪切至试件轴向变形的 15%，在 3 级围压条件下（200kPa，400kPa，600kPa）记录试件的侧向变形 S_{ε_r}，试验完成后，整理试验数据，以 E－ν 模型为基础，计算模型参数。

2. 基于云理论、有限元法和反演分析的理论学习与研究

以土石坝工程中存在的各种不确定性为基础，深入研究三轴剪切试验所计算出本构模型参数存在的模糊性与随机性，介绍了云模型的基本概念、云发生器、不确定性云推理及云变换；通过对反演分析的学习，确定 E－ν 模型参数反演的具体步骤；运用专业有限元分析软件 ABAQUS 进行有限元建模，确定有限元模型建模的具体步骤。

3. 基于不确定性云推理的邓肯-张 E－ν 模型参数反演分析

通过对三轴剪切试验数据的整理分析，以邓肯-张 E－ν 模型为基础计算模型参数，并将其应用于有限元耦合正分析中，计算出材料变形。通过“软与”建立不确定性推理规则前件（轴向变形 S_{ε_a}、侧向变形 S_{ε_r}）和后件（E－ν 模型参数）的不确定性对应关系，从而建立起云推理模型，进行 E－ν 模型参数的反演研究。

5.1　土石坝材料参数获取

5.1.1　计算模型参数

由于土石坝材料应力应变复杂的特性具有强烈的非线性特点，合理的本构模型的选取对土石坝材料变形的高精度数值分析至关重要。邓肯-张 E－ν 模型能够较好地反映土石坝材料应力应变的非线性特性，所计算出的坝体变形相比于其他本构模型与实际情况更加吻合。因此，本章把邓肯-张 E－ν 模型作为反演分

析的数值模拟基础。

邓肯-张 E - ν 模型是一种增量非线性弹性模型[1]，通过不断地开发使用，对于 E - ν 模型参数的计算方法更为成熟，它的基本原理如下。

1. 计算弹性模量

对于计算单元来说，当$(\sigma_1-\sigma_3)<0.95(\sigma_1-\sigma_3)_{max}$且$S<0.95S_{max}$时，计算单元处于卸荷状态；而当$(\sigma_1-\sigma_3)>0.95(\sigma_1-\sigma_3)_{max}$且$S>0.95S_{max}$时，计算单元处于加荷状态。$(\sigma_1-\sigma_3)_{max}$代表历史上达到过的最大偏应力，$S_{max}$代表历史上达到过的最大应力水平。

初始弹性模量：

$$E_0=KP_a\left(\frac{\sigma_3}{P_a}\right)^n \tag{5.1}$$

式中：K 为模量数，表示 $\sigma_3=P_a$ 时初始切线模量；n 为模量指数，表示 K 随 σ_3 变化的急剧程度（成正比变化）；P_a 为大气压，与试验围压量纲相同；σ_3 为试验围压。

加荷状态切线弹性模量：

$$E_t=[1-R_fS]KP_a\left(\frac{\sigma_3}{P_a}\right)^n \tag{5.2}$$

$$S=\frac{(1-\sin\varphi)(\sigma_1-\sigma_3)}{2c\cos\varphi+2\sigma_3\sin\varphi} \tag{5.3}$$

式中：S 为应力水平；R_f 为破坏比；c 为有效黏聚力；φ 为有效摩擦角；$\sigma_1-\sigma_3$ 为试验对应偏应力。

卸荷状态的回弹模量：

$$E_{ur}=K_{ur}P_a\left(\frac{\sigma_3}{P_a}\right)^{n_{ur}} \tag{5.4}$$

式中：K_{ur}、n_{ur}为描述卸载-再加载模量变化的参数。

2. 计算切向泊松比 ν_t

切向泊松比 ν_t：

$$\nu_t=\frac{G-F\lg\dfrac{\sigma_3}{P_a}}{(1-A)^2} \tag{5.5}$$

其中：

$$A=\frac{D(\sigma_1-\sigma_3)}{KP_a\left(\dfrac{\sigma_3}{P_a}\right)^n\left[1-\dfrac{R_f(\sigma_1-\sigma_3)}{(\sigma_1-\sigma_3)_f}\right]} \tag{5.6}$$

式中：G 为表示 $\sigma_3=P_a$ 时初始切线泊松比；F 为表示 G 随 σ_3 变化的急剧程度（成反比变化）；D 为表示轴向变形与侧向变形关系曲线的形态；$(\sigma_1-\sigma_3)_f$ 为试样破坏时的偏差应力。

通过三轴剪切试验可确定邓肯-张 E-ν 模型 φ、c、K、n、K_{ur}、R_f、G、F 和 D 共 9 个参数，从而运用 E-ν 模型参数进行土石坝材料变形计算。

下面对邓肯-张 E-ν 模型的 9 个参数进行计算。

（1）R_f 值。R_f 称为破坏比，通常计算值为 0.75～1.0，计算公式为

$$R_f=\frac{(\sigma_1-\sigma_3)_f}{(\sigma_1-\sigma_3)_u} \tag{5.7}$$

式中：$(\sigma_1-\sigma_3)_f$ 为试样破坏时的偏差应力；$(\sigma_1-\sigma_3)_u$ 为极限偏差应力；试样破坏时的偏差应力总是比极限偏差应力小。

参数 R_f 随着 σ_3 的改变而发生微小的变化，本次计算将忽略这种微小的改变，取 3 种围压下 R_f 的平均值作为所要计算的 R_f 值。

（2）K 值、n 值。已知初始切线模量 E_i 并不是定值，而是随着试验围压 σ_3 的变化而变化，若把初始切线模量 E_i 和相应的试验围压 σ_3 通过 P_a 标化为无量纲数，将 $\lg\frac{E_i}{P_a}$ 和 $\lg\frac{\sigma_3}{P_a}$ 的关系通过双对数纸绘制出来，如图 5.1～图 5.3 所示，

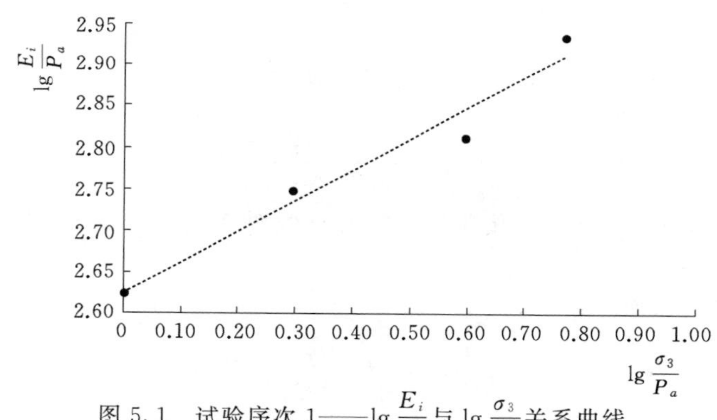

图 5.1 试验序次 1——$\lg\frac{E_i}{P_a}$ 与 $\lg\frac{\sigma_3}{P_a}$ 关系曲线

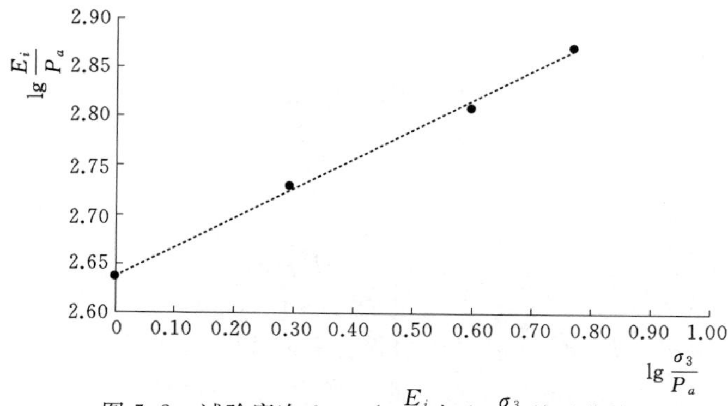

图 5.2 试验序次 2——$\lg\frac{E_i}{P_a}$ 与 $\lg\frac{\sigma_3}{P_a}$ 关系曲线

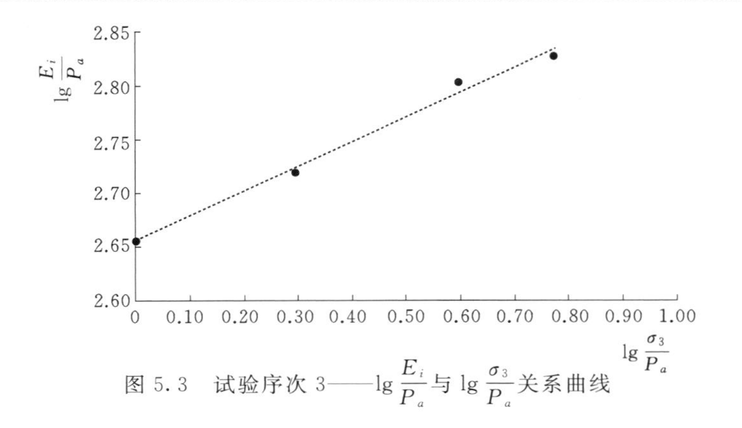

图 5.3　试验序次 3——$\lg\frac{E_i}{P_a}$与 $\lg\frac{\sigma_3}{P_a}$关系曲线

两者近似地成直线关系，此时 $\lg\frac{E_i}{P_a}$和 $\lg\frac{\sigma_3}{P_a}$因 P_a 的标化处理，已成为无因次量。直线的截距为 $\lg K$，斜率为 n，可知 $\lg\frac{E_i}{P_a}=\lg K+n\lg\frac{\sigma_3}{P_a}$。

通过 3 种不同围压下的基本数据拟合计算，得到不同试验序次条件下的不同 K 值、n 值。

(3) K_{ur}值。《土工原理》一书中有 $K_{ur}=(1.2\sim3.0)K$，本章试件所用的为破碎粗粒料，所以 $K_{ur}=2K$。

(4) D 值。侧向应变 ε_r 与轴向应变 ε_a 的关系运用双曲线来拟合，则

$$\frac{-\varepsilon_r}{\varepsilon_a}=f+D(-\varepsilon_r) \tag{5.8}$$

式中：f 为初始切线泊松比。

由式 (5.8) 可知，将$\frac{-\varepsilon_r}{\varepsilon_a}$设为纵坐标，$-\varepsilon_r$ 设为横坐标，则拟合为一条直线，如图 5.4 所示。

试验在 3 个围压条件下分别进行，由式 (5.8) $\frac{-\varepsilon_r}{\varepsilon_a}$与$-\varepsilon_r$ 的关系绘制图

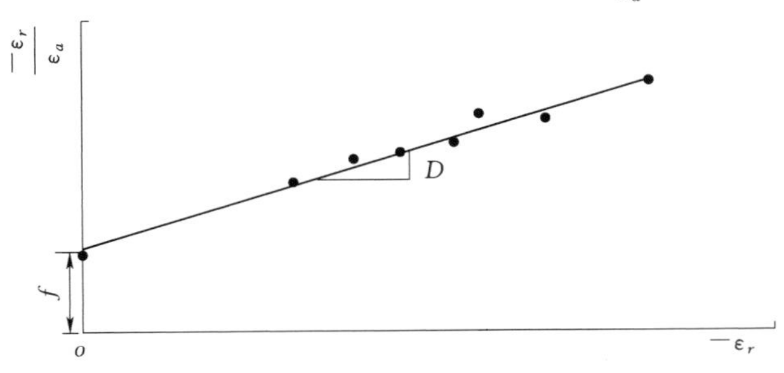

图 5.4　侧向应变-轴向应变关系

5.4 可得到 3 个不同的斜率，取其平均值为 D，得到不同试验序次条件下的 D 值。

（5）G 值、F 值。由式（5.8）可知，当 $\varepsilon_a \to 0$ 时，有

$$v_i = f = \left(\frac{-\varepsilon_r}{\varepsilon_a}\right)_{\varepsilon_a \to 0} \tag{5.9}$$

式中：v_i 为 $\varepsilon_a = 0$ 时，初始切线泊松比。

不同的 σ_3 对应不同的 v_i 值，因此，将 v_i 和 $\lg\frac{\sigma_3}{P_a}$ 的关系绘制在半对数纸上，由图 5.5～图 5.7 可知，v_i 和 $\lg\frac{\sigma_3}{P_a}$ 的关系近似地成一条直线。直线的截距为 G，斜率为 F，于是有 $v_i = G - F\lg\frac{\sigma_3}{P_a}$。

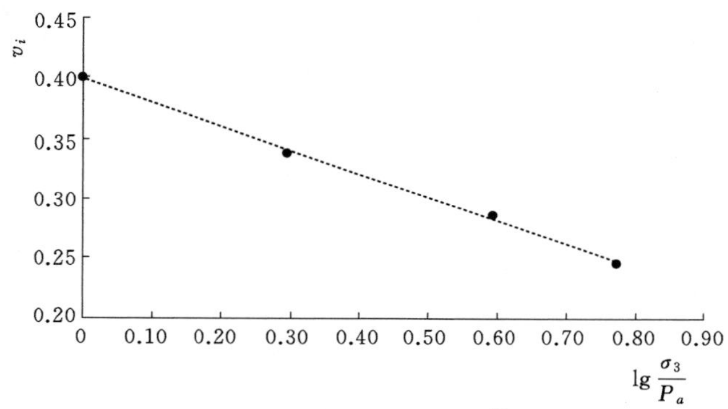

图 5.5　试验序次 1——v_i 与 $\lg\frac{\sigma_3}{P_a}$ 关系曲线

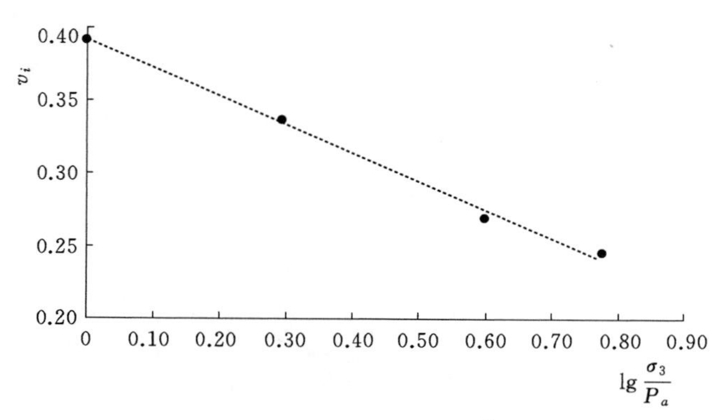

图 5.6　试验序次 2——v_i 与 $\lg\frac{\sigma_3}{P_a}$ 关系曲线

根据不同的 σ_3 对应不同的 v_i 值，拟合两者关系曲线，得到不同试验序次条件下的不同 G 值、F 值。

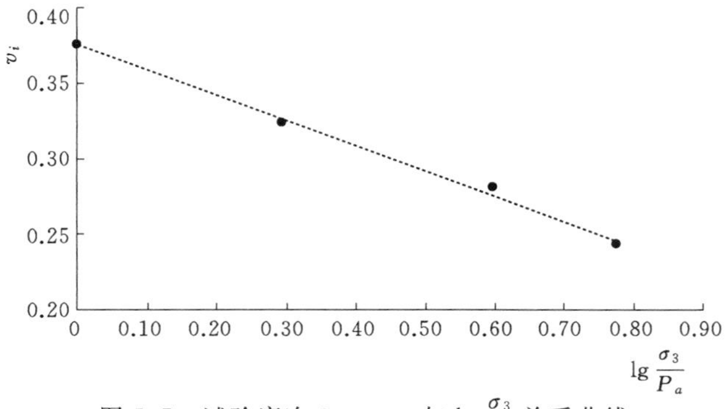

图 5.7 试验序次 3——v_i 与 $\lg\frac{\sigma_3}{P_a}$关系曲线

5.1.2 小结

本章主要内容为根据三轴剪切试验结果来计算邓肯-张 E－ν 模型参数。首先根据实际需要确定三轴剪切试验的具体实施方案，试验将在 3 个围压条件下（200kPa、400kPa、600kPa）进行 3 组共 9 次试验；根据试验测得土石坝材料变形量，可知在 3 个围压条件下试件具体的轴向变形 S_{ε_a} 和侧向变形 S_{ε_r} 量，为下文的数据对比分析提供了依据；最后依据邓肯-张 E－ν 模型的基本原理，根据具体的计算规则，来计算邓肯-张 E－ν 模型的 φ、c、K、n、K_{ur}、R_f、G、F 和 D 共 9 个参数。

5.2 基于云理论的本构模型参数反演

5.2.1 云理论及参数反演的基本原理

5.2.1.1 云模型基本概念

云模型是一种描述不确定性语言概念的工具和知识表示方法，也是一种能够完成定性概念与定量数值彼此间转换的模型，该数学模型由我国学者李德毅集合了模糊数学与概率统计的优势之处所提出。云模型将 3 个数字特征期望 Ex（Expected value）、熵 En（Entropy）和超熵 He（Hyper entropy）作为一个整体，从而表征一个概念，云模型将事物间的随机性与模糊性联系起来，并确定两者之间的关联程度，形成定性概念与定量数值之间的映射。

定义：设 U 是一个用精确数值表示的定量论域，论域 U 可以是一维的，也可以是多维的，C 是 U 上的定性概念，若定量值 $x\in U$，且 x 是定性概念 C 的一次随机实现，$\mu(x)\in[0,1]$是 x 对 C 的确定度，$\mu(x)$ 是具有稳定倾向的随机数，则 x 在论域 U 上的分布称为云，每个 x 称为一个云滴 $[x, \mu(x)]$[2-3]。

根据定义可知云具有以下性质：

第一，云滴的产生具有随机性，相互之间并无时序性，单个云滴不能体现云模型的特性，一个“云”整体的特性得以体现必须有大量的云滴聚集。

第二，确定度 $\mu(x)$ 既是模糊集意义下的隶属度，同时又具有概率意义下的分布，$Ux \rightarrow \mu(x)$ 是一个随机产生的概率分布，所以产生的云簇是点状分散的而非光滑曲线。

第三，云滴的确定度以及云滴对概念的贡献率与它在云图中所出现的概率呈正相关。

云模型将 3 个数字特征期望 Ex（Expected value）、熵 En（Entropy）和超熵 He（Hyper entropy）作为一个整体，从而表征一个概念[4]。

期望 Ex：描述云模型的期望值，最具代表性的数字特征，在云图中表现为重心。

熵 En：描述定性概念的模糊程度，反映了云滴的离散程度及可被概念接受的云滴的取值范围。定性概念越模糊，所产生云滴随机性越大，云图中所展现的云滴离散性越大。

超熵 He：是熵的不确定性度量，为二阶熵，由熵的随机性和模糊性共同决定，超熵的大小在云图中表现为云的厚度。

由云模型的基本原理可知，定性概念最终由 N 个云滴组成，云滴群对定性概念有所贡献，根据云理论的“3En 原则”[5]，对于论域 U 中定性概念 C 有贡献的云滴主要落在区间 $[Ex-3En, Ex+3En]$，贡献率为 99.74%，如图 5.8 所示。

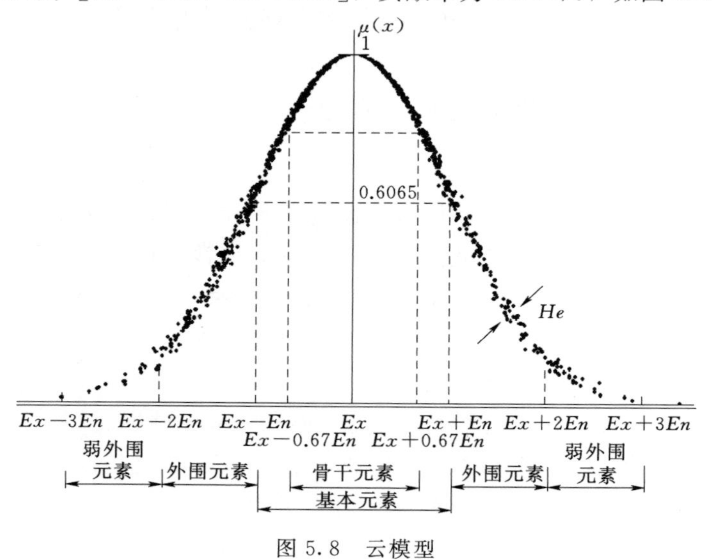

图 5.8 云模型

由计算可知，位于不同区间的云滴群对概念的贡献程度也会不同，位于区间［$Ex-0.67En$，$Ex+0.67En$］的云滴称为“骨干元素”，占全部定量值的22.33%；位于区间［$Ex-En$，$Ex+En$］的云滴称为“基本元素”，占全部元素的33.33%；位于区间［$Ex-2En$，$Ex-En$］和［$Ex+En$，$Ex+2En$］的云滴称为“外围元素”，占全部元素的33.33%；位于区间［$Ex-3En$，$Ex-2En$］和［$Ex+2En$，$Ex+3En$］的云滴称为“弱外围元素”，占全部元素的33.33%。由表5.1可知云滴群对概念的贡献度。

表5.1 云滴群对概念的贡献度

	区间	贡献度/%
骨干元素	［$Ex-0.67En$，$Ex+0.67En$］	50.00
基本元素	［$Ex-En$，$Ex+En$］	68.26
外围元素	［$Ex-2En$，$Ex-En$］［$Ex+En$，$Ex+2En$］	27.18
弱外围元素	［$Ex-3En$，$Ex-2En$］［$Ex+2En$，$Ex+3En$］	4.30

5.2.1.2 云发生器

云模型是各式云算法的基础，是为了实现定性概念与定量数值之间相互转化的特定算法，包括正向云和逆向云两类基本算法[6]。实现云算法的工具称为云发生器，云发生器包括正向云发生器、逆向云发生器、X条件云发生器和Y条件云发生器。

由云的数字特征（Ex，En，He）作为输入值，对应输出值为云滴及其确定度$\mu(x)$的特定算法工具，称为正向云发生器；由符合某一正态云分布规律的样本点x_i及其确定度μ_i，通过特定算法产生反映定性概念的3个数字特征（Ex，En，He）的工具称为逆向云发生器，其算法为正向云的逆算法；由表征整体概念的3个数字特征（Ex，En，He）和特定的数值x_0通过计算产生云滴及其确定度的云发生器称为X条件云发生器；以3个数字特征（Ex，En，He）及其特定的确定度值μ_0为条件的云发生器称为Y条件云发生器。

正向云发生器是从定性到定量的映射[7]，它根据云的数字特征（Ex，En，He）产生云滴，其定义如下。

定义：设U是一个用精确数值表示的定量论域，C是U上的定性概念，若定量值$x\in U$，且x是定向概念C的一次随机试验，若x满足：$x\sim N(Ex, En'^2)$，其中，$En'\sim N(En, He^2)$，且x对C的确定度满足：

$$\mu=\mathrm{e}^{-\frac{(x-Ex)^2}{2(En')^2}} \tag{5.10}$$

则x在论域U上的分布称为正态云。

1. 正向正态云发生器

正态云是最重要的一种云模型，其普遍适用性建立在正态分布的普适性和钟形隶属函数的普适性基础之上[8]。因此本章主要对象为正态云。

输入：云数字特征（Ex，En，He），所生成的云滴个数 N。

输出：N 个云滴 x 及其确定度 μ。

具体算法步骤如下：

（1）生成以 En 为期望值，He^2 为方差的一个正态随机数 $En_i'=\text{NORM}(En, He^2)$。

（2）生成以 Ex 为期望值，$En_i'^2$ 为方差的一个正态随机数 $x_i=\text{NORM}(Ex, En_i'^2)$。

（3）计算 $\mu_i=e^{-\frac{(x_i-Ex)^2}{2En_i'^2}}$。

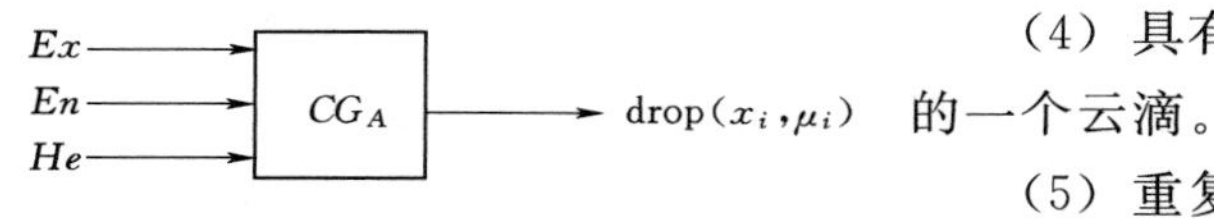

图 5.9 正态正向云发生器

（4）具有确定度 μ_i 的 x_i 成为数域中的一个云滴。

（5）重复步骤（1）～（4），直至产生要求的 N 个云滴为止。

正向正态云发生器如图 5.9 所示。

2. 逆向云发生器

逆向云发生器是实现从定量数值到定性概念的转换模型[9]。它运用统计学原理计算特征值，可以将一定数量的精确数据转换为以数字特征（Ex，En，He）表示的定性概念。它分为基于均值的逆向云发生器和基于拟合的逆向云发生器。

由于实际数据样本的确定度信息难以获得，无确定度的逆向云算法同样具有普适性。

基于均值的逆向云发生器[10]：

输入：样本点 x_i，其中 $i=1, 2, \cdots, n$。

输出：反映定性概念的云数字特征（Ex，En，He）。

具体算法步骤如下：

（1）由样本 x_i 计算样本均值 $\overline{X}=\frac{1}{n}\sum_{i=1}^{n}x_i$、样本方差 $S^2=\frac{1}{n-1}\sum_{i=1}^{n}(x_i-\overline{X})$。

（2）计算云模型的期望 $Ex=\overline{X}$。

（3）计算云模型的熵，当 $0<He<En/3$ 时，$En=\sqrt{\frac{\pi}{2}}\frac{1}{n}\sum_{i=1}^{n}|x_i-Ex|$。

（4）计算云模型的超熵 $He=\sqrt{S^2-En^2}$。

基于均值逆向云发生器如图 5.10 所示。

基于拟合的逆向云发生器：

输入：每个云滴在数域空间的坐标值 l_i 及其代表概念的确定度 $C_T(l_i)$。

输出：云数字特征（Ex，En，He），云滴数量 N。

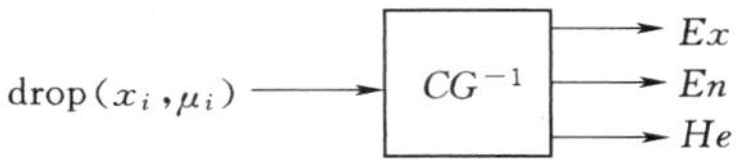

图 5.10 基于均值逆向云发生器

具体算法步骤如下：

(1) 由已知云滴用云期望曲线 $C_T(l)=\frac{1}{\hat{f}(l)}\mathrm{e}^{-\frac{[\hat{f}(l)(l-\hat{E}x)]^2}{2[En(l)]^2}}$，拟合得到 Ex 的估计值 $\hat{E}x(l)=\frac{\sum_{i=1}^{n}\hat{f}(l_i)l_i}{\sum_{i=1}^{n}\hat{f}(l_i)}$。

(2) 将 $C_T(l)>0.999$ 的点剔除，剩下 m 个云滴。

(3) 计算 $\hat{E}n(l_i)=\frac{|f(l_i)(l_i-\hat{E}x)|}{\sqrt{-2\ln f(l_i)C_T(l_i)}}$。

(4) 计算 En 的估计值 $\hat{E}n(l)=\sqrt{\frac{\sum_{i=1}^{m}\hat{f}[En(l_i)]En(l_i)}{\sum_{i=1}^{m}\hat{f}[En(l_i)]}}$。

(5) 计算 He 的估计值 $\hat{H}e(l)=\sqrt{\frac{\sum_{i=1}^{n}\{\hat{f}[En(l_i)][En(l_i)-\hat{E}n\cdot En(l_i)]\}^2}{\sum_{i=1}^{n}\hat{f}[En(l_i)]}}$。

基于拟合逆向云发生器如图 5.11 所示。

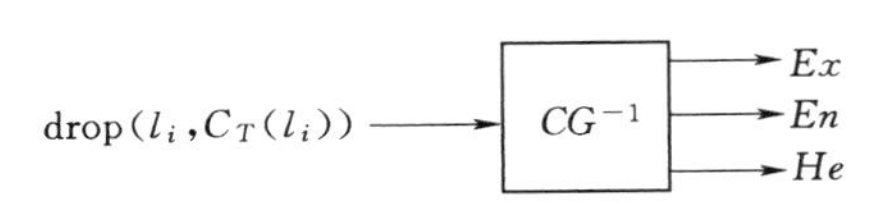

图 5.11 基于拟合逆向云发生器

3. X 条件云发生器

已知 $x=x_0$ 为前提实现的云发生器，称 X 条件云发生器，它的输出只有一条云带[11]。

输入：云数字特征（Ex，En，He），特定值 x_0。

输出：对应特定值 x_0 的云滴 x_0 及其确定度 μ_0。

具体算法步骤如下：

(1) 生成以 En 为期望值，He^2 为方差的一个正态随机数 $En'_i=\mathrm{NORM}(En,He^2)$。

(2) 生成以 Ex 为期望值，En'^2_i 为方差的一个正态随机数 $x_i=\mathrm{NORM}(Ex,En'^2_i)$。

(3) 计算 $\mu_i = e^{-\frac{(x_i - Ex)^2}{2En_i'^2}}$。

(4) 对应特定值 x_0 及具有确定度 μ_i 的 x_0 成为数域中的一个云滴。

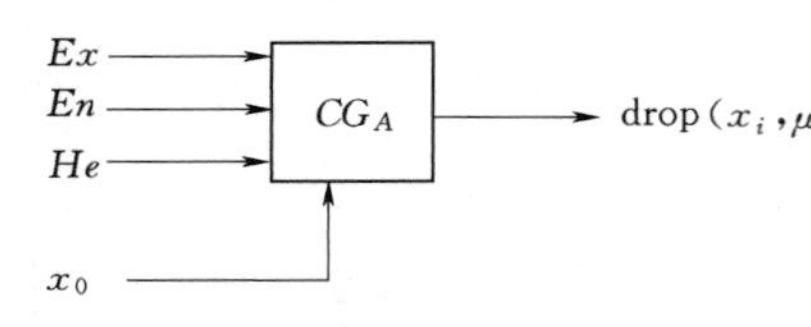

图 5.12 X条件云发生器

(5) 重复步骤 (1) ~ (4)，直至产生要求的 N 个云滴为止。

X条件云发生器如图 5.12 所示。

4. Y条件云发生器

已知 $\mu = \mu_0$ 为前提实现的云发生器，称为Y条件云发生器。

输入：云数字特征 (Ex，En，He)，确定度 μ_0。

输出：具有确定度 μ_0 的云滴 x_0。

具体算法步骤如下：

(1) 生成以 En 为期望值，He^2 为方差的一个正态随机数 $En_i' = \text{NORM}(En, He^2)$。

(2) 计算 $x_i = Ex \pm En_i' \sqrt{-2\ln\mu_i}$。

(3) 具有确定度 μ_0 的 x_i 成为数域中的一个云滴。

(4) 重复步骤 (1) ~ (3)，直至产生要求的 N 个云滴为止。

Y条件云发生器如图 5.13 所示。

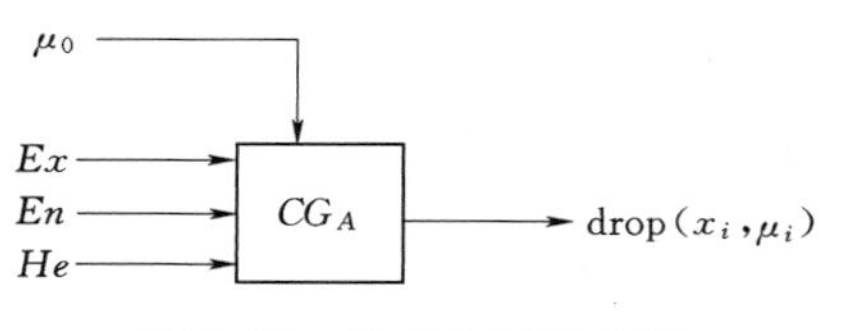

图 5.13 Y条件云发生器

5.2.1.3 不确定性云推理

不确定性推理以不确定性知识为基础，按照合理标准推出具备一定可信度的结论[12]，用于模拟和处理事物中的不确定性。

云模型联合事物中存在的随机性与模糊性，完成定性概念与定量数值之间的不确定转换，从而用于表示不确定性知识。在解决不确定性问题具备显著优势的云模型基础上，引入不确定推理方法，通过构建规则发生器来完成带有不确定性的推理[13]。

云规则发生器将确定的输入值，经过基于云模型的不确定性推理方法，得到与输入值相对应的确定的输出值。X条件云发生器和Y条件云发生器是应用云模型进行不确定性推理的基础，表示定性规则前件的云模型一般采用X条件云发生器，规则后件采用Y条件云发生器，规则前件和规则后件所属的概念都可能含有不确定性，两者相结合可以实现定性与定量的随时转换。

云模型不确定性推理的核心是由若干个定性概念利用 IF - THEN 定性规则构成的规则库，其中最基本的云模型不确定性推理器为单条件单规则 (If A then B)，单条件单规则发生器将一维前件云发生器与一维后件云发生器相连接，还有双条件单规则（If A_1，A_2 then B）和多条件多规则（If A_1，A_2，…，A_n then B）等。

（1）单条件单规则的形式化描述为：If A then B。

A 和 B 都表示定性概念，把一个 X 条件云发生器与一个 Y 条件云发生器连接起来就构造成单条件单规则发生器[14]。图 5.14 为单条件单规则发生器示意图。

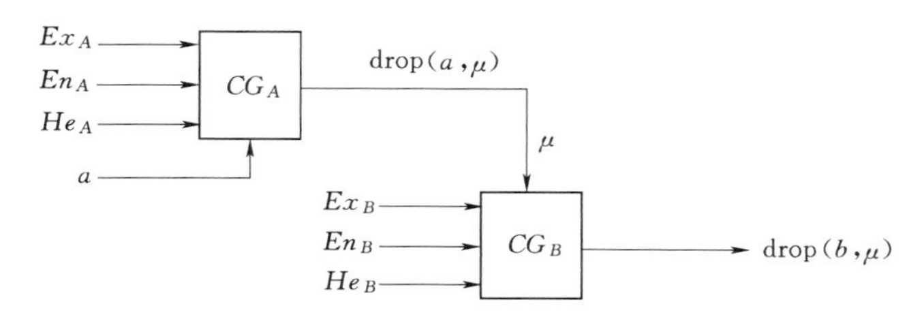

图 5.14 单条件单规则发生器

单条件单规则发生器算法：

输入：前件 A 的数字特征（Ex_A，En_A，He_A），后件 B 的数字特征（Ex_B，En_B，He_B），前件论域中的一个特定值 a。

输出：后件论域中的云滴 b 及其确定度 μ。

算法步骤：

1）生成一个以 En_A 为期望值、He_A 为方差的正态随机数 En'_A：

$$En'_A = \mathrm{NORM}(En_A, He_A^2)$$

$$\mu = e^{\frac{-(a-Ex_A)^2}{2En'^2_A}}$$

2）生成一个以 En_B 为期望值、He_B 为方差的正态随机数 En'_B：

$$En'_B = \mathrm{NORM}(En_B, He_B^2);$$

3）如果输入值激活的是规则前件的上升沿，则规则的后件也选择上升沿，反之亦然：

if　$a < Ex$ then

$$b = Ex_B - \sqrt{-2\ln(\mu)}\,En'_B$$

else

$$b = Ex_B + \sqrt{-2\ln(\mu)}\,En'_B$$

OUTPUT（b，μ）

END

（2）双条件单规则的形式化描述为：If A_1，A_2 then B。

把两个 X 条件云发生器与一个 Y 条件云发生器连接起来构成双条件单规则发生器。图 5.15 为双条件单规则发生器示意图。

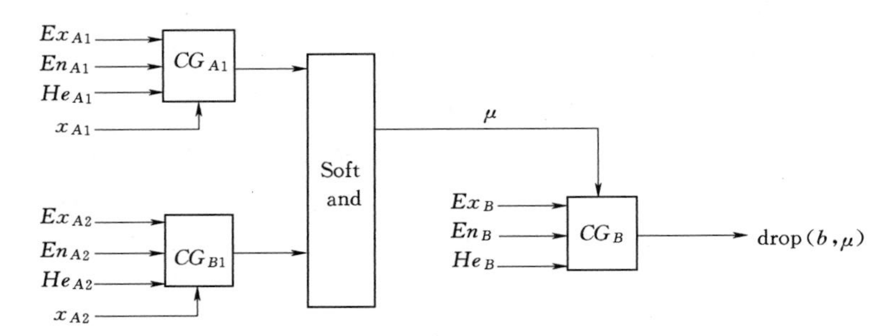

图 5.15 双条件单规则发生器

双条件单规则发生器算法：

输入：前件 A_1 的数字特征（Ex_{A1}，En_{A1}，He_{A1}）及特定值 x_{A1}，前件 A_2 的数字特征（Ex_{A2}，En_{A2}，He_{A2}）及特定值 x_{A2}，后件 B 的数字特征（Ex_B，En_B，He_B）。

输出：后件论域中的云滴 b 及其确定度 μ。

由于给定的输入值可能激活规则前件概念 A_1 和 A_2 的上升沿或下降沿，因此规则的后件具体输出将分为以下算法的 4 种情况。

算法步骤：

1）生成一个以 En_{A1} 为期望值、He_{A1} 为方差的正态随机数 En'_{A1}，$En'_{A1}=\mathrm{NORM}(En_{A1},He^2_{A1})$。

2）生成一个以 En_{A2} 为期望值、He_{A2} 为方差的正态随机数 En'_{A2}，$En'_{A2}=\mathrm{NORM}(En_{A2},He^2_{A2})$。

3）计算确定度 $\mu=\mathrm{e}^{-\frac{(x_{A1}-Ex_{A1})^2}{2(En'_{A1})^2}-\frac{(x_{A2}-Ex_{A2})^2}{2(En'_{A2})^2}}$。

4）生成一个以 En_B 为期望值、He_B 为方差的正态随机数 En'_B，$En'_B=\mathrm{NORM}(En_B,He^2_B)$。

5）如果 $x_{A1}\leqslant Ex_{A1}$，$x_{A2}\leqslant Ex_{A2}$，则 $b=Ex_B-\sqrt{-2\ln\mu}En'_B$。

6）如果 $x_{A1}>Ex_{A1}$，$x_{A2}>Ex_{A2}$，则 $b=Ex_B+\sqrt{-2\ln\mu}En'_B$。

7）如果 $x_{A1}\leqslant Ex_{A1}$，$x_{A2}>Ex_{A2}$，则 $\mu_1=\mathrm{e}^{\frac{-(x_{A1}-Ex_{A1})^2}{2(En'_{A1})^2}}$，$b_1=Ex_B-\sqrt{-2\ln\mu}En'_B$；$\mu_2=\mathrm{e}^{\frac{-(x_{A2}-Ex_{A2})^2}{2(En'_{A2})^2}}$，$b_2=Ex_B+\sqrt{-2\ln\mu}En'_B$，$b=(b_1\mu_1+b_2\mu_2)/(\mu_1+\mu_2)$。

8）如果 $x_{A1}>Ex_{A1}$，$x_{A2}\leqslant Ex_{A2}$，则 $\mu_1=\mathrm{e}^{\frac{-(x_{A1}-Ex_{A1})^2}{2(En'_{A1})^2}}$，$b_1=Ex_B+\sqrt{-2\ln\mu}En'_B$；$\mu_2=\mathrm{e}^{\frac{-(x_{A2}-Ex_{A2})^2}{2(En'_{A2})^2}}$，$b_2=Ex_B-\sqrt{-2\ln\mu}En'_B$，$b=(b_1\mu_1+b_2\mu_2)/(\mu_1+\mu_2)$。

(3) 多条件多规则的形式化描述为：If A_1，A_2，…，A_n then B。

多条件规则发生器由多个 X 条件云发生器与一个 Y 条件云发生器连接而成[15]，多条件多规则发生器算法类似于双条件单规则发生器算法。输入值 $x=[x_1, x_2, \cdots, x_n]^T$ 激活规则前件云发生器，得到 μ_1，μ_2，…，μ_n，通过 μ_1，μ_2，…，μ_n 的"软与"运算得到 μ，作为规则后件云发生器的输入，得到输出值 b。多条件多规则发生器示意图如图 5.16 所示。

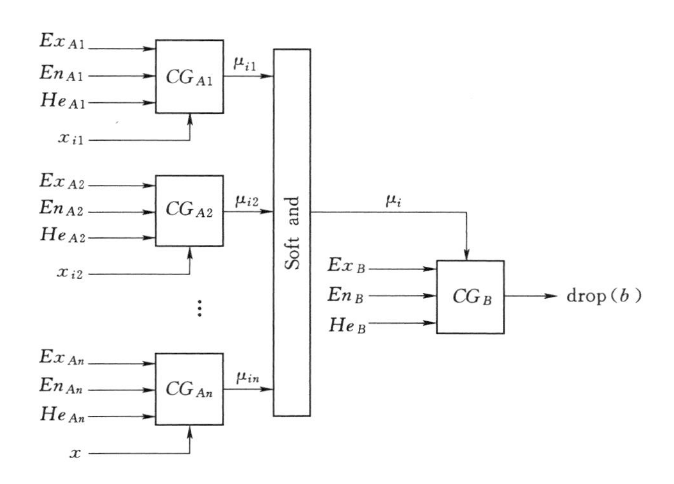

图 5.16 多条件多规则发生器

由云规则发生器的运行原理可知，云推理算法中同样传递着不确定性，对于一组确定输入值并不能产生一个确定的输出值。当一组确定值输入时，通过前件云发生器随机产生确定度，随机产生的确定度将不确定性传递后件云发生器中，后件云发生器在"软与"运算输出的确定度的控制下，输出一个随机值 b，因此最终的输出值 b 也具备不确定性，这说明云规则发生器确保了推理过程中不确定性的传递。

利用云模型实现定性概念"软与"的定量转换。将"软与"看作一个定性概念，用多维正态云 $C(1, Enx_{\mu1}, Hex_{\mu1}, \cdots, 1, Enx_{\omega n}, Hex_{\mu n})$ 表示，其中各维的论域分别对应着确定度 μ_i 的取值范围，都是 [0，1]。概念"软与"的定量转换后的云滴（x_1，x_2，…，x_n）的统计分布的期望为（1，1），在论域的这一点上，它的确定度 μ 等于 1，严格等同于逻辑上的"与"，其余位置上分布的云滴的确定度 μ 都小于 1，反映了"与"的不确定性，即"软与"的特殊性质，论域中云滴离期望点越远，其确定度 μ 就越小。

可以用 Enx、Eny、Hex、Hey 作为对"软与"程度的调整参数，根据研究的问题去确定。当 $Enx=Eny=0$，$Hex=Hey=0$ 时，则"软与"就成为逻辑上的“与”操作。在“软与”的定义中，“软与”输出的云滴及其确定度的联合分布（x，y，μ）在 x 和 y 方向上只在［0，1］上才有意义，因而联合分布形成的云图像个1/4的“山头”，如图5.17所示。

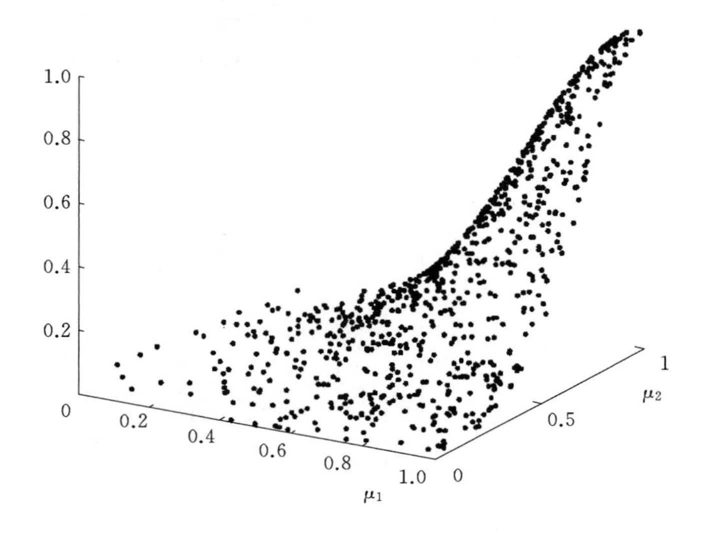

图5.17 定性概念“软与”的定量转换

通过云模型实现定性概念“软与”的定量转换，比通常在模糊集合中取 $\min\{\mu_1, \mu_2\}$ 作为激活规则后件的强度要灵活得多。

5.2.1.4 云变换

给定论域数据 X 的频率分布函数 $f(x)$，根据 X 的属性值频率的实际分布情况不同的云 $C(Ex_i, En_i, He_i)$ 的叠加，这种从连续数值到离散概念的转换，称为云变换。其数学表达式为

$$f(x) \rightarrow \sum_{i=1}^{n}[a_i * C(Ex_i, En_i, He_i)] \tag{5.11}$$

式中：a_i 为幅度系数；n 为变换后生成离散概念的个数。

对数据的概率密度进行估计，求得数据的频率分布，数据频率分布中的局部极大值点是数据的收敛中心，作为概念的中心，即云模型的数学期望；在原分布中减去收敛中心的数值部分，再寻找局部极大值，以此类推[16]。

云变换步骤如下：

（1）对属性 A_k 每一个可能属性值 x，生成其频率分布函数 $f(x)$。

（2）找出数据分布函数 $f(x)$ 的最大值所在位置，既频率分布的最高点，将属性值定义为云的期望 $Ex_i(i=1, 2, \cdots, n)$，计算用于拟合的 $f(x)$，以

Ex_i 为期望的云模型的熵 Ex_i 和超熵 He_i，计算云模型的分布函数 $f_i(x)$[17]。

(3) 从 $f(x)$ 中减去已知的云模型的数据分布 $f_i(x)$，并获得新的数据分布函数 $f'(x)$，并在此基础上重复步骤 (2)、(3)，得到多个基于云的数据分布函数。

(4) 根据已知的 $f(x)$，得到的拟合误差函数 $f'(x)$ 和各个云模型的分布函数，根据云模型的定性概念计算 3 个特征值。

5.2.2 有限元分析

5.2.2.1 反演分析的基本概念

针对土石坝来说，常规问题的求解过程：首先针对具体问题建立合理的能够代表土石坝物理力学性能的本构模型，然后将由室内试验所得到的本构模型参数以及计算模型应用于实际工程中，在已知边界条件、初始条件和附加条件的情况下，从而求解土石坝以及相应结构的变形情况和应力分布情况，这种求解方法称为正向分析法。正向分析法虽然过程简单，但力学参数所需的外部荷载和初始应力的获取具有主观随意性，不能保证土石坝及相应坝体结构的本构模型和参数合理，导致计算结论与实际结论具有较大的偏差，与实际工程所需不相符合。而反演求解方法与常规问题求解的思路相反，土石坝参数反演主要指在已知土石坝本构模型参数与反映土石坝力学行为的位移、应变、应力以及荷载等部分物理数据之间关系的情况下，运用数值计算，由实际监测得到的反映土石坝力学行为的物理数据反演分析出能够代表土石坝物理力学性能的本构模型，为优化三轴剪切试验，得到更能反映土石坝物理力学行为且更加真实可靠的本构模型参数奠定基础，同时为准确地诊断大坝所出现的安全问题、及时做出安全评价提供方便。换句话说，反演是以已知实测资料为基础，通过运用相关的知识逐步计算得出实际参数的过程，它是在缺少足够信息的情况下获取本构模型参数，在本质上属于不确定性推理。

随着反演分析方法的迅速发展，学者们对反演分析法的运用越来越灵活，通过许多学者的研究发现[18-23]，反演分析法所计算出的结果更加合理，缩小了与实际工程的误差。要加深对反演分析法的理解，就要从不同方面、不同角度进行学习。本节将从力学及数学角度对反演分析法进行详细叙述。

1. 力学角度

若干个数学偏微分方程可用来表示某个力学问题，反演分析法是针对某个具体问题进行力学分析，则其微分方程描述如下[24]：

$$\text{初始条件}:I(u)=\varphi(x)\quad x\in\Omega\quad t\in(0,+\infty) \tag{5.12}$$

$$\text{拟求解问题}:L(u)=f(x,t)\quad x\in\Omega\quad t\in(0,+\infty) \tag{5.13}$$

边界条件：$B(u)=\psi(x) \quad x\in\Gamma \quad t\in(0,+\infty)$ (5.14)

附加条件：$A(u)=\kappa(x,t) \quad x\in\Gamma \quad t\in(0,+\infty)$ (5.15)

式中：u 为微分方程的解；φ 为初始条件；ψ 为边界条件；κ 为附加条件；I、L、B、A 为力学算子。

针对某个力学系统来说，计算所需的基本条件已知，而需要对 u 进行求解，这个求解过程就是正向分析；与正向分析的求解思路相反，反演分析法的求解过程为：u 通过实测已知，其他条件未知的情况下，通过合理的假设参数进而推求出 u，与实测 u 不断进行对比调整，推求出其他条件。

2. 数学角度

可以假设区域 D 是 n 维空间中的连通开区域，时间量或者位置量可用某一变量来表示，其中，设 $x=(x_1, x_2, \cdots, x_n)$ 为变量，用 BD 来表示区域 D 的边界条件，则数学表达式如下[25]：

$$L(u,Q)=f, \ x\in D \tag{5.16}$$

$$M(u,Q)=g, \ x\in BD \tag{5.17}$$

式中：Q 为系统状态变量；L 为作用于区域 D 的微分算子；M 为作用于边界 BD 上的微分算子；u 为与空间中介质有关的物理参量；f 为作用条件或边界条件；g 为边界作用条件。

u，f，g 均为 x 的函数，由数学表达式可知，函数 u 由区域内部和区域外部共同作用，当 x 的函数 u，f，g 均已知，通过计算可得出与物理背景相符合的适定解，这个求解过程为正向分析过程；反之，若 u，f，g 当中存在未知量，虽然边界 BD 模糊不清，但存在区域 D 中的子集 Ds，能够通过实测手段得出状态变量 Q 的局部或者全部信息，从而推求出 u，f，g 中的未知量，这个求解过程为反演分析过程。

反演分析方法总体可分为确定性反演分析法和不确定反演分析法两大类。

（1）确定性反演分析法。确定性反演分析法指的是根据通过现场量测得到且代表坝体力学性质的坝体结构的应力、应变、位移等基本信息，代入到建立好的模型中进而反推出参数量。由于基本信息不同，所运用的反演分析方法也不尽相同，针对物理量应力来说，应该运用应力反演分析法进行计算求解，它的具体计算步骤是：根据现场量测的应力值，代入建立完成的数学模型中反推整个区域的应力场，从而求出未知参数量；位移反演分析法是根据现场实测出的位移代入本构模型中反计算出参数量；混合反演分析法针对基本信息应力与应变，它将现场量测的应力应变代入反计算模型中，推求出系统边界条件以及参数量。其中，位移反演分析法相对于其他两种方法因为具有实测操作简单、测出结果准确的优点，因而被更加广泛地应用。

（2）不确定性反演分析法。与确定性反演分析法思路不同，不确定性反演分析法鉴于实际坝体材料本身的复杂性及不可预见性，视待反演的参数具有不确定性，这种不确定性表现为随机性与模糊性。不确定性反演分析法的理论基础是处理不确定性问题的三种数学方法——概率论、随机过程和数理统计，它从系统中存在的必然性和偶然性出发，以本构模型为依据建立参数与对应信息的目标函数来进行不确定性反演分析。这种将待反演的参数视为随机变量的求解思路所推求出的结果与实际工程更加符合。

5.2.2.2 反演参数的确定

运用邓肯-张 E－ν 模型计算试件变形时，共有 φ、c、K、n、K_{ur}、R_f、G、F、D，共 9 个模型参数参与计算，其中 K、n、R_f、G、F、D 可通过三轴剪切试验确定，参数 c、φ 为材料基本特性参数，这两个参数的测试技术相对成熟。在进行邓肯-张 E－ν 模型参数反演时，认为材料基本特性参数可靠[25]，故反演分析时不考虑参数 c、φ。其中 $K_{ur}=(1.2\sim3.0)K$，故只对参数 K 进行反演分析。因此，本章将参数 K、n、R_f、G、F、D 进行反演分析。通过这样对参数进行筛选，既可以提高运用云推理模型进行建立反演模型的效率，又能够保证应该持有的计算精度。

5.2.2.3 参数反演的基本步骤

一般来说，对于反演邓肯-张 E－ν 模型这种多参数非线性且结构复杂的问题需要庞大的计算规模，用有限元方法来简化计算工作是十分必要的，但是有限元计算方法在优化参数过程中需要反复循环的计算，会降低整个反演过程的效率，所以运用智能算法代替有限元方法，将优化复杂的非线性函数问题转化为寻找最优目标函数问题，通过计算对模型参数进行修正。所以本节提出云推理算法进行土石坝材料变形参数反演，克服有限元计算在优化过程中需要大量正分析而造成工作量大的缺点，提高计算效率的同时实现反演模型从输入到输出的非线性映射。

本节在正态云模型具有普适性[26]的基础上假设 E－ν 模型参数服从泛正态云分布，为了得到精度较高的有限元计算结果，利用 ABAQUS 来进行有限元建模并进行有限元耦合正分析，得到相应的轴向变形 $S_{\varepsilon a}$ 和侧向变形 $S_{\varepsilon r}$，将计算结果作为云推理的规则前件，将预先确定好的 E－ν 模型参数作为云推理的规则后件，运用“软与”将规则前件与规则后件连接起来，实现非线性映射，从而建立不确定性云推理模型，并利用所建立的云推理模型进行 E－ν 模型参数的反演。当轴向变形 $S_{\varepsilon a}$ 和侧向变形 $S_{\varepsilon r}$ 作为云推理规则前件输入时，在云推理规则后件中并不能有一个确定的输出参数相对应，而前件云发生器随机产生的确定度通过“软与”传递到后件云发生器中，使得最终的输出参数具备不确定性，在此过程中不确定性得到了很好的传递。利用云推理模型进行邓肯-张 E－ν 模型参数反演的基本流程如下。

(1) 利用正向云发生器构造模型参数训练样本，将模型参数代入 ABAQUS 中进行有限元耦合正分析计算，生成轴向变形 $S_{\varepsilon a}$ 和侧向变形 $S_{\varepsilon r}$ 的训练样本。

(2) 根据训练样本建立云推理模型，替代有限元计算。

(3) 根据待反演的参数构造测试参数组对建立的云推理模型进行误差分析，若不满足精度要求，继续增加训练参数组，直到与实测变形之间的误差满足精度要求。

(4) 应用建立的云推理模型进行 E－ν 模型参数的反演分析。

建立云推理模型要运用云发生器进行运算，云发生器的数字特征必须符合客观规律，若与客观规律不相符，要通过反馈的信息不断对云发生器数字特征进行检验，直到满足实践要求。

综上，本节首先阐述云模型的基本原理，进而对云模型知识进行系统的学习，主要运用多条件多规则发生器进行反演计算，所以对云发生器，云推理模型及云变换进行了必要的学习，为下文的反演计算打下理论基础。

然后介绍了专业的有限元分析软件 ABAQUS，ABAQUS 在学术界发展十分成熟，但是软件本身并不包含一些非线性模型，如邓肯-张模型，所以就需要利用二次开发平台将邓肯模型编入 ABAQUS。模型的二次开发主要依靠 UMAT 子程序，需要运用 Fortran 语言进行编程来开发 E－ν 模型 UMAT 子程序，需注意在进行 UMAT 子程序编写时要依照严格的标准。之后确定了在 ABAQUS 中进行三维有限元建模计算的基本流程，采用带误差控制的改进 Euler 应力积分算法进行变形分析。利用 ABAQUS 进行有限元正分析是本构模型参数反演的关键步骤，所以进行了详细的介绍。

运用反演分析法计算出的结果与实际工程更加贴合，所以得到了广泛的应用，反演分析法分为确定性反演分析法和不确定反演分析法两大类。不论是进行三轴剪切试验还是对试验数据进行计算分析，过程中往往存在多种不确定性因素，所以将不确定性反演分析法作为主要的反演分析方法。本节依据实际工程经验与特定的计算，确定反演分析的 E－ν 模型参数为：K、n、R_f、G、F 和 D。最后确定了邓肯-张 E－ν 模型参数反演分析的主要流程 G：首先利用 ABAQUS 进行有限元正分析得到轴向变形 $S_{\varepsilon a}$ 和侧向变形 $S_{\varepsilon r}$；然后将计算结果作为云推理的规则前件，同时将 E－ν 模型参数作为云推理的规则后件；最后以不确定性云推理模型为基础，运用“软与”层建立规则前件与规则后件的非线性对应关系，完成土石坝材料变形与 E－ν 模型参数的非线性映射，E－ν 模型参数的反演研究的整个运算过程保证各种不确定性的传递。

5.2.3 仿真计算分析

5.2.3.1 建立计算模型

1. 基本问题描述

通过5.2.2我们学习了运用云推理模型进行参数反演的基本步骤，下面将运用具体实例进行操作计算。三轴剪切试验将会在3级围压（200kPa、400kPa、600kPa）条件下分别进行3次操作，通过9次试验研究土石坝坝料的变形特性并测定E-ν模型参数，通过计算出的E-ν模型参数确定参数取值范围，从而运用不确定性云推理模型进行参数反演，并将反演结果代入有限元中计算材料变形，将计算出的变形与本次三轴剪切试验结果对比，验证运用云推理模型进行邓肯-张E-ν模型参数反演的合理性与可行性。

2. 建立有限元模型

本章运用有限元专业分析软件ABAQUS建立有限元模型，通过模拟本文三轴剪切试验所运用的试件尺寸及物理力学特性进行有限元建模，将圆柱模型分为812个单元，具体的网格划分如图5.18所示。

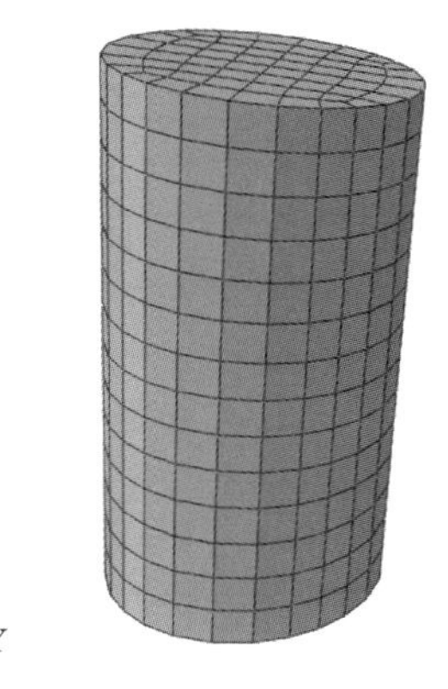

图5.18 有限元模型

3. 选定参数范围

邓肯-张E-ν模型9个参数中K、n、R_f、G、F和D这6个参数的计算结果受试验的不确定性因素影响较大，使得试验值与实际值存在较大的误差，所以选取这6个参数进行反演。

根据三轴剪切试验确定出参数K、n、R_f、G、F和D的范围，见表5.2。

表5.2 参数范围

参数	取值范围	参数	取值范围
K	419.759～452.897	G	0.376～0.401
n	0.231～0.372	F	0.165～0.199
R_f	0.715～0.810	D	0.254～0.278

根据参数K、n、R_f、G、F和D的取值范围，运用云模型理论，将每个参数可能取值都分为5个区间，算出每个区间的云数字特征——期望Ex、熵En、超熵He，计算规则如下。

（1）Ex为区间的边界值。

（2）En表征各概念的离散程度。根据双边约束的数值区间求解定性语言的云数字特征，计算公式为：$En=(B_{max}-B_{min})/6$，其中：B 为区间边界值。

(3) He 表示熵的离散度，对应云图中云层厚度。可通过试验经验取值，超熵所取的值越大，则正态云云层越厚，反之则越薄。当 $0<He<En/3$ 时，云模型确定度呈现不确定性，此时云滴呈正态分布，所以 He 的取值要遵循这个限制规则。

把1、2、3、4、5分别记为五个区间的定性概念，每个定性概念构成一条定性规则。对于这五个区间的每一个语言值，都可以用它们的3个数字特征（Ex、En、He）来表示。每个定性概念对应于一个正态云。

对于参数 K：

根据试验结果计算，参数 K 处于419.759～452.897，所以采用取值范围420～450。按照计算规则：将参数 K 每隔7.5分为一个区间，共分五个区间，期望为区间边界值。

1_K、2_K、3_K、4_K、5_K 这五个区间的定性概念所对应的正态云如图5.19～图5.23所示。

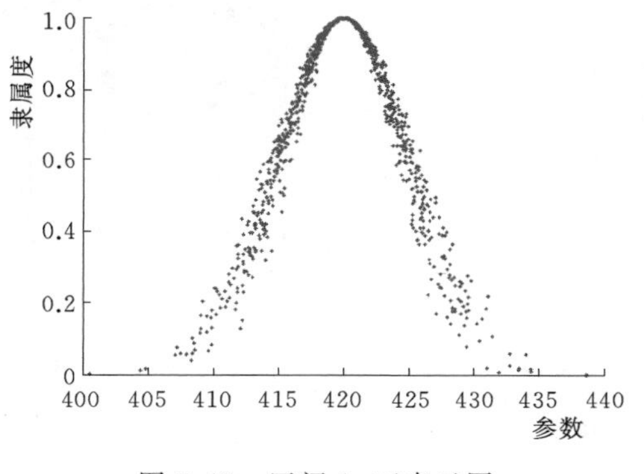

图5.19　区间 1_K 正态云图

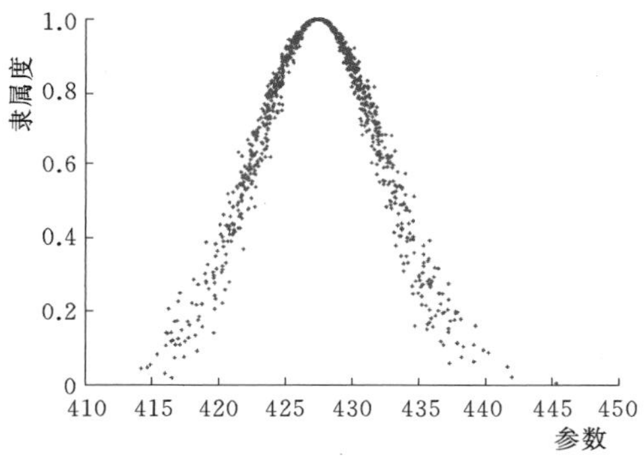

图5.20　区间 2_K 正态云图

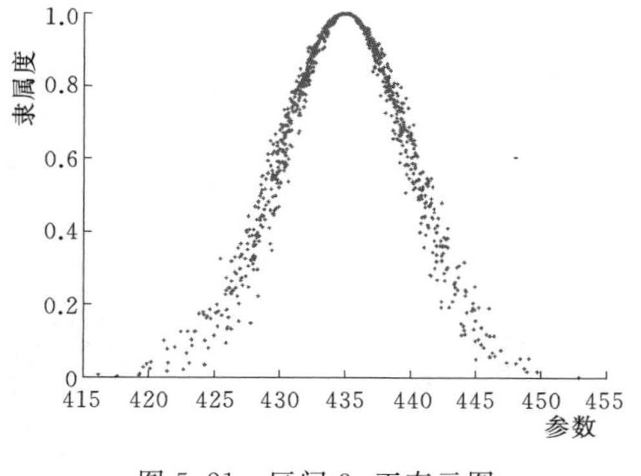

图5.21　区间 3_K 正态云图

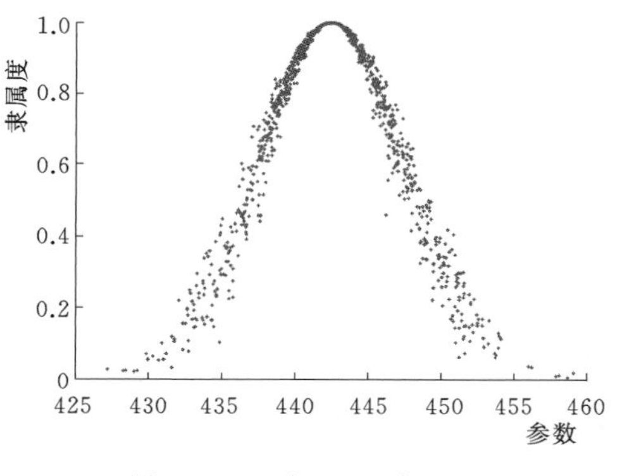

图5.22　区间 4_K 正态云图

对于参数 n：

根据试验结果计算，参数 n 处于 0.231～0.372，所以采用取值范围 0.252～0.372。按照计算规则：将参数 n 每隔 0.03 分为一个区间，共分五个区间，期望值为区间边界值。1_n、2_n、3_n、4_n、5_n 这五个区间的定性概念所对应的正态云图如图 5.24～图 5.28 所示。

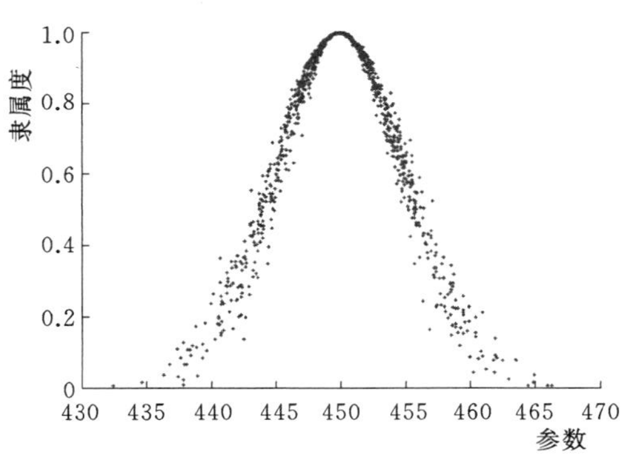

图 5.23　区间 5_K 正态云图

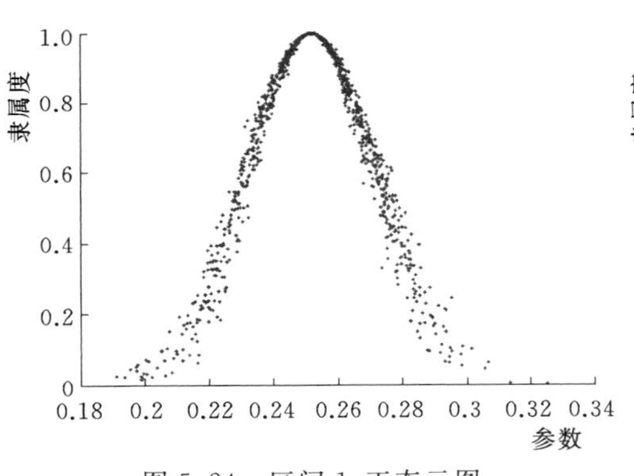

图 5.24　区间 1_n 正态云图

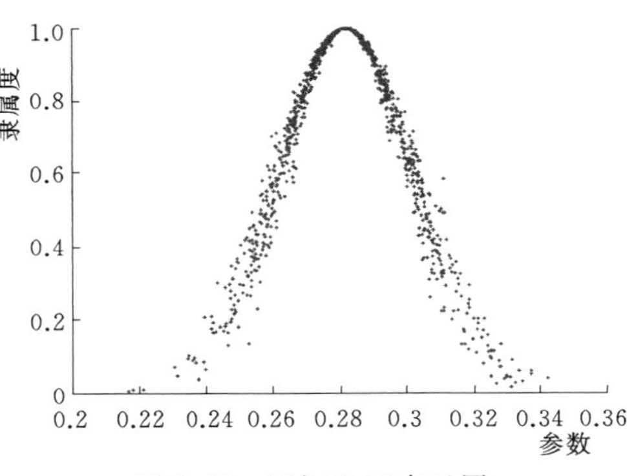

图 5.25　区间 2_n 正态云图

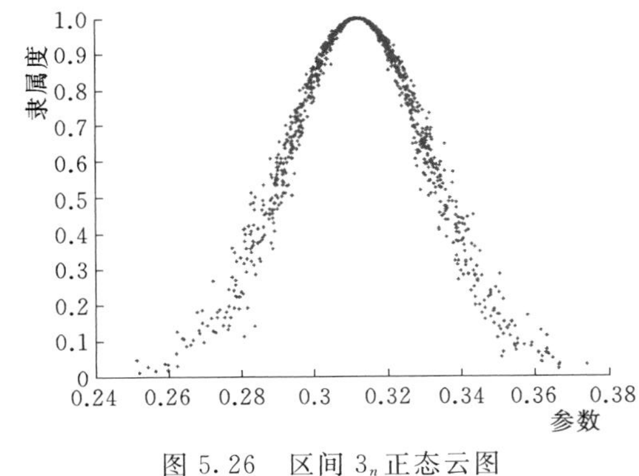

图 5.26　区间 3_n 正态云图

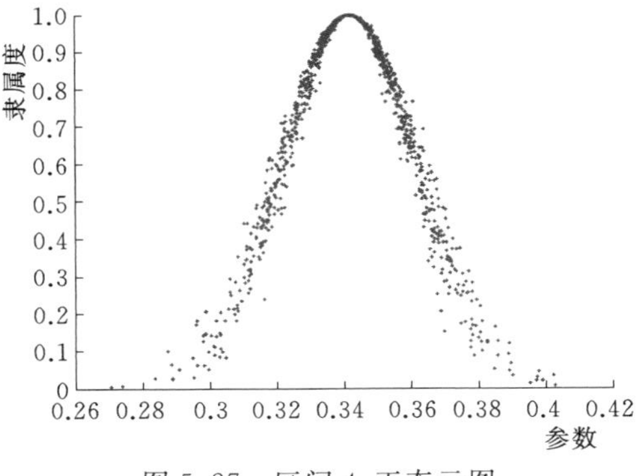

图 5.27　区间 4_n 正态云图

对于参数 R_f：

根据试验结果计算，参数 R_f 处于 0.715～0.810，所以采用取值范围 0.72～0.81。按照计算规则：将参数 R_f 每隔 0.0225 分为一个区间，共分五个区间，期望值为区间边界值。

1_{R_f}、2_{R_f}、3_{R_f}、4_{R_f}、5_{R_f} 这五个区间的定性概念所对应的正态云图如图 5.29～图 5.33 所示。

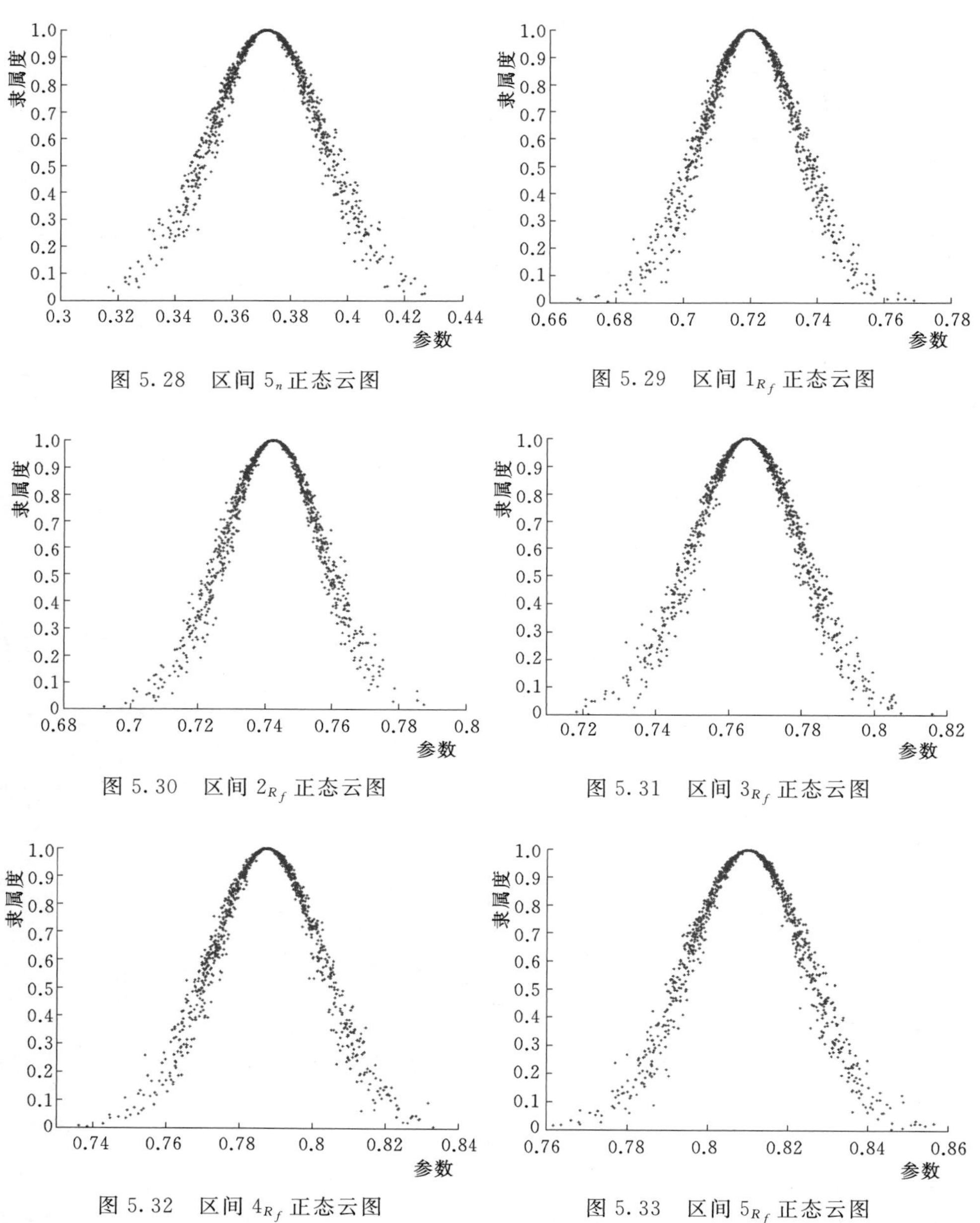

图 5.28　区间 5_n 正态云图

图 5.29　区间 1_{R_f} 正态云图

图 5.30　区间 2_{R_f} 正态云图

图 5.31　区间 3_{R_f} 正态云图

图 5.32　区间 4_{R_f} 正态云图

图 5.33　区间 5_{R_f} 正态云图

对于参数 G：

根据计算得参数 G 处于 0.376～0.401，所以采用取值范围 0.376～0.4。按照计算规则：将参数 G 每隔 0.006 分为一个区间，共分五个区间，期望值为区间边界值。

1_G、2_G、3_G、4_G、5_G 这五个区间的定性概念所对应的正态云图如图 5.34～图 5.38 所示。

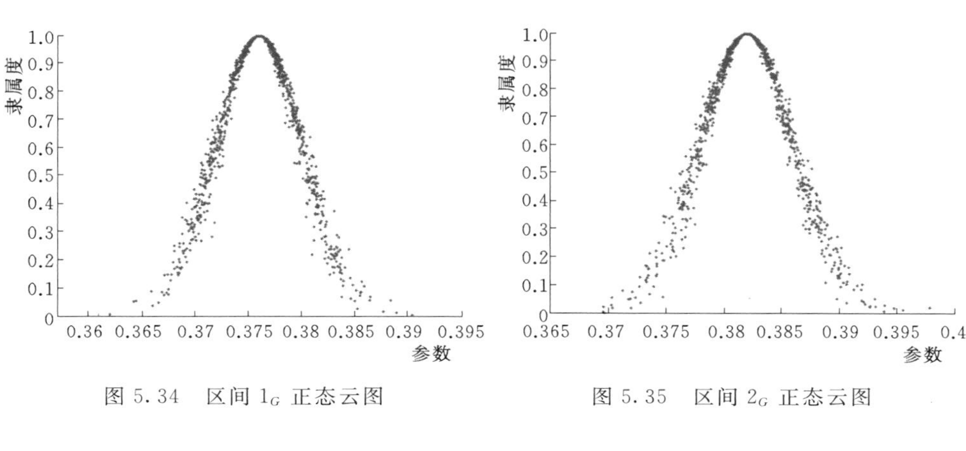

图 5.34 区间 1_G 正态云图

图 5.35 区间 2_G 正态云图

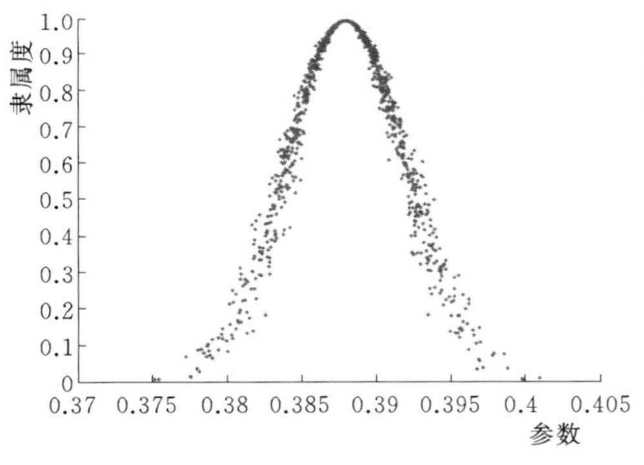

图 5.36 区间 3_G 正态云图

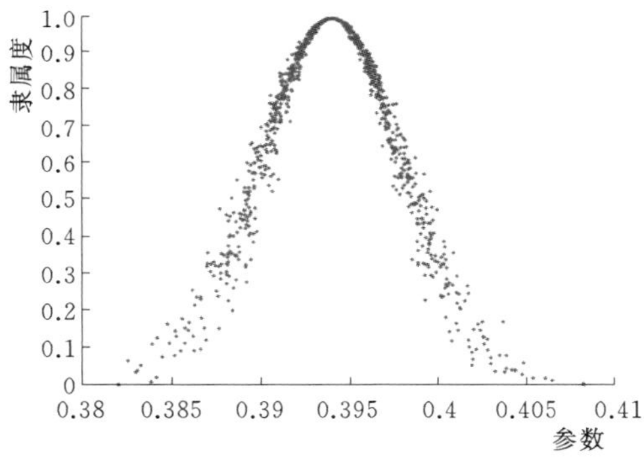

图 5.37 区间 4_G 正态云图

对于参数 F：

根据计算得参数 F 处于 0.165～0.199，所以采用取值范围 0.166～0.196。按照计算规则：将参数 F 每隔 0.0075 分为一个区间，共分五个区间，期望值为区间边界值。

1_F、2_F、3_F、4_F、5_F 这五个区间的定性概念所对应的正态云图如图 5.39～图 5.43 所示。

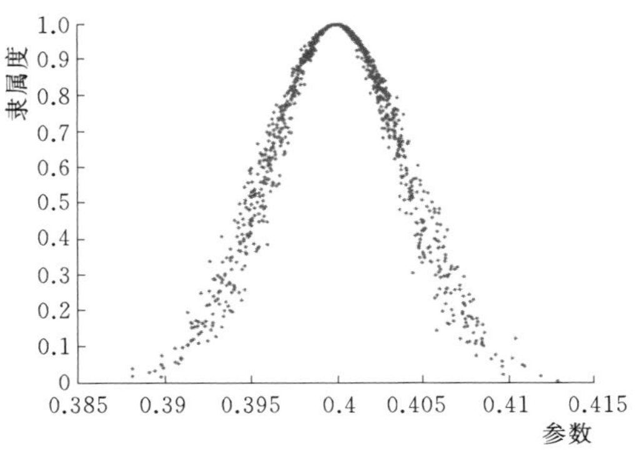

图 5.38 区间 5_G 正态云图

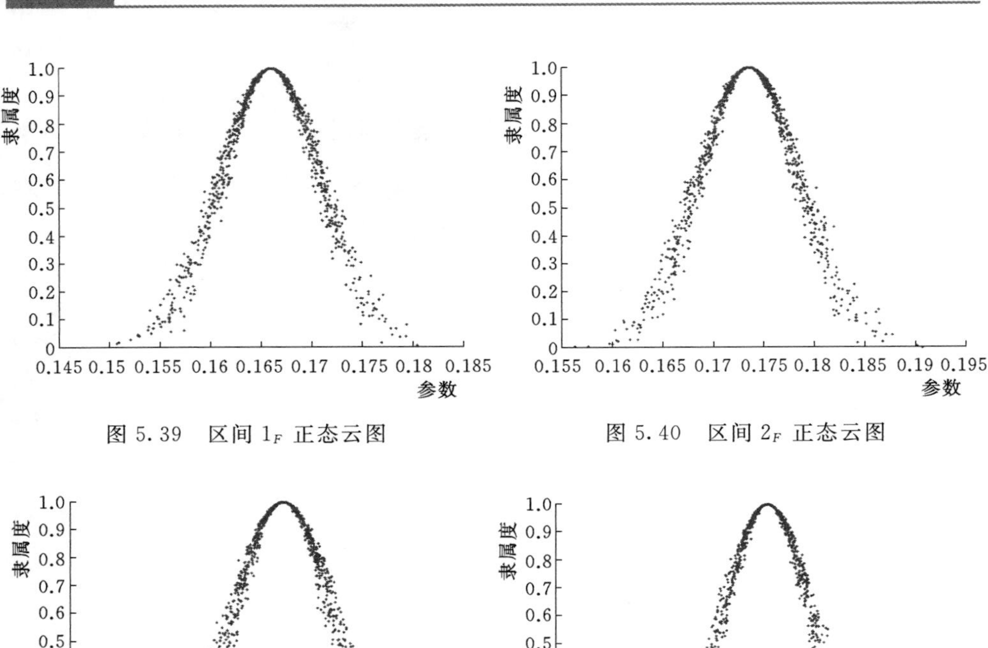

图 5.39 区间 1_F 正态云图

图 5.40 区间 2_F 正态云图

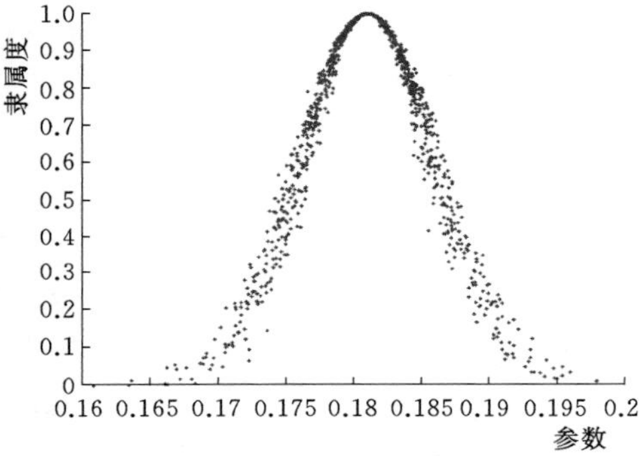

图 5.41 区间 3_F 正态云图

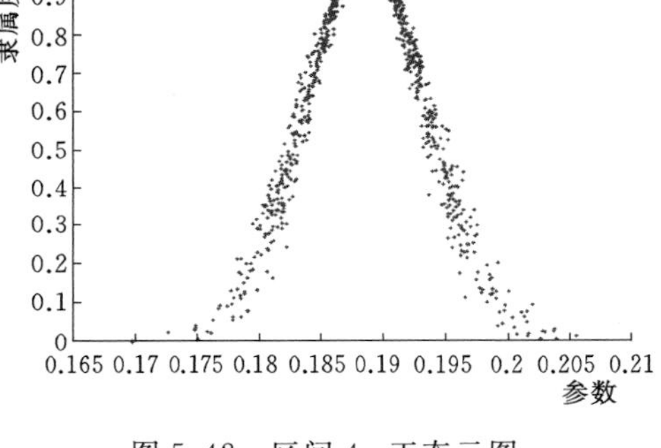

图 5.42 区间 4_F 正态云图

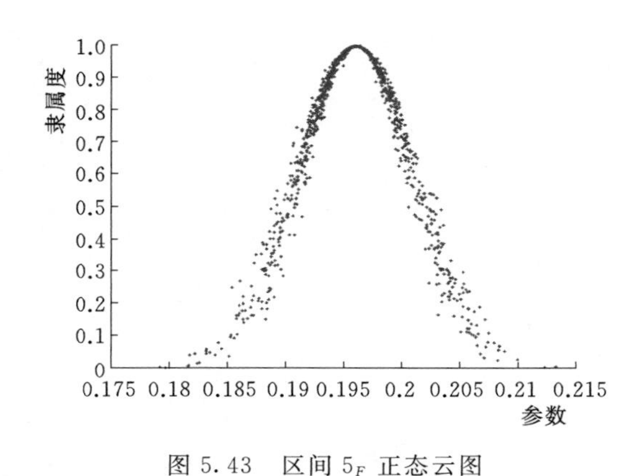

图 5.43 区间 5_F 正态云图

对于参数 D：

根据计算得参数 D 处于 0.254～0.278，所以采用取值范围 0.254～0.278。按照计算规则：将参数 F 每隔 0.006 分为一个区间，共分五个区间，期望值为区间边界值。

1_D、2_D、3_D、4_D、5_D 这五个区间的定性概念所对应的正态云图如图 5.44～图 5.48 所示。

在分别确定 6 个参数各个定性指标范围后，分别建立与各概念对应的云模型，并使用正向云发生器产生邓肯-张模型参数训练样本。

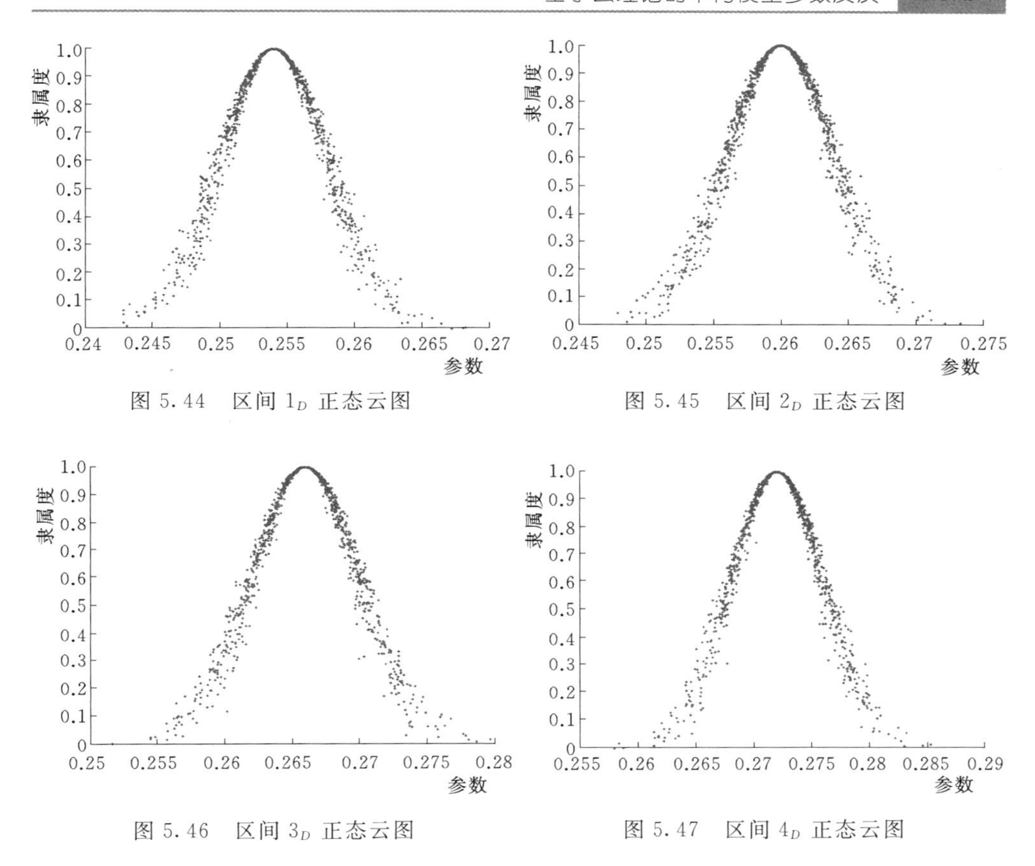

图 5.44 区间 1_D 正态云图

图 5.45 区间 2_D 正态云图

图 5.46 区间 3_D 正态云图

图 5.47 区间 4_D 正态云图

4. 进行有限元计算

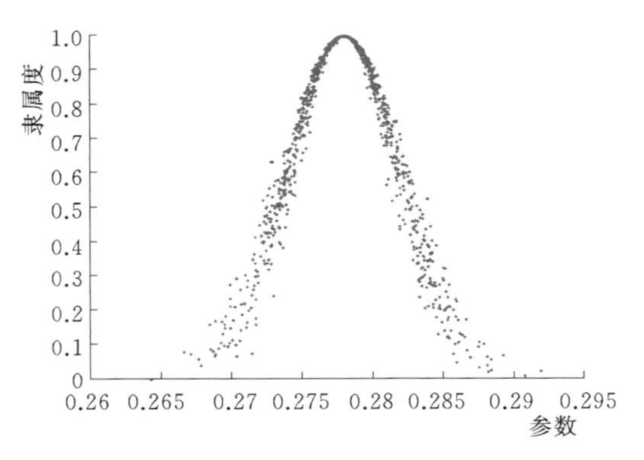

图 5.48 区间 5_D 正态云图

将训练样本参数分别运用到有限元耦合正分析进行时，考察一个 E－ν 模型参数对土石坝材料轴向变形 S_{ε_a} 和侧向变形 S_{ε_r} 的影响，当对其中一个参数反演时，注意要保持其余 8 个参数不变，这 8 个参数的取值要有统一的标准，对于这 8 个参数来说，需要同一序次试验的不同围压条件的试验数据进行计算，所以，每个参数都能够得到对应 3 个序次试验的 3 组计算值，如待反演参数定为 n 时，参数 c、φ、K、R_f、G、F、D 的取值为 3 组计算值的平均值，参数 K_{ur} 取值为 $2K$。本节只针对在一个围压水平（200MPa）下对土石坝材料进行有限元分析计算，通过输入邓肯-

张 E-ν 模型参数与其他物理力学特性，得到试件轴向变形 S_{ε_a} 和侧向变形 S_{ε_r} 的计算结果，限于篇幅，本节只列举针对参数 K 的有限元计算结果，见表 5.3。

表 5.3　针对参数 K 的有限元计算结果

	参数 K	$S_{\varepsilon a}$ /cm	$S_{\varepsilon r}$ /cm
1_K	421.119	4.63968	1.22760
	414.245	4.71552	1.24935
	417.064	4.68420	1.24035
	415.831	4.69788	1.24425
	422.050	4.62960	1.22475
Ex_{1_K}	420.000	4.65192	1.23105
2_K	433.207	4.51212	1.19100
	431.110	4.53372	1.19730
	429.042	4.55532	1.20345
	424.000	4.60860	1.21875
	433.948	4.50444	1.18890
Ex_{2_K}	427.500	4.57140	1.20810
3_K	439.144	4.45200	1.17390
	428.201	4.59648	1.20600
	432.709	4.51716	1.19250
	440.812	4.43532	1.168350
	442.722	4.41648	1.163850
Ex_{3_K}	435.000	4.49376	1.185900
4_K	447.855	4.36656	1.149600
	447.156	4.37328	1.151550
	441.466	4.42884	1.167300
	440.787	4.43556	1.169250
	437.739	4.46604	1.177950
Ex_{4_K}	442.500	4.41864	1.164450
5_K	447.335	4.3716	1.151100
	450.021	4.3458	1.143750
	448.100	4.36416	1.149000
	462.515	4.23	1.110900
	455.297	4.29612	1.129650
Ex_{5_K}	450.000	4.34604	1.143750

5.2.3.2　参数反演

1. 建立云推理规则前后件

针对 E－ν 模型 K、n、R_f、G、F 和 D 这 6 个参数分别作为变量输入有限元正耦合分析中，所计算出对应的轴向变形 $S_{\varepsilon a}$ 和侧向变形 $S_{\varepsilon r}$ 见表 5.4。对于参数 K，它的 5 个区间的期望值分别为表 5.4 中 Ex_{1_K}、Ex_{2_K}、Ex_{3_K}、Ex_{4_K}、Ex_{5_K}。熵 En、超熵 He 利用上节介绍的逆向云发生器来求得，其中超熵 He 按照雾化性质与“3En 原则”进行调整取值。其余 5 个参数的运算步骤与 K 相同，在此不再进行叙述。

表 5.4　针对参数 K 定性概念的云数字特征

		1_K	2_K	3_K	4_K	5_K
S_{ε_a}	Ex	4.65192	4.57140	4.49376	4.41864	4.34604
	En	0.0368381	0.0386424	0.0634016	0.0375063	0.0522583
	He	0.0069526	0.0049801	0.0078432	0.0047860	0.0065912
S_{ε_r}	Ex	1.23105	1.20810	1.18590	1.16445	1.14375
	En	0.0105565	0.0115902	0.0161637	0.0106713	0.0148271
	He	0.0014948	0.0015155	0.0021693	0.0013607	0.0018693

在针对 K、n、R_f、G、F 和 D 这 6 个参数计算出对应的各个概念的云数字特征之后，可以通过正向云发生器获得每个参数所对应的轴向变形 S_{ε_a}、侧向变形 S_{ε_r} 的定性概念云图，如图 5.49～图 5.60 所示。

针对参数 K：

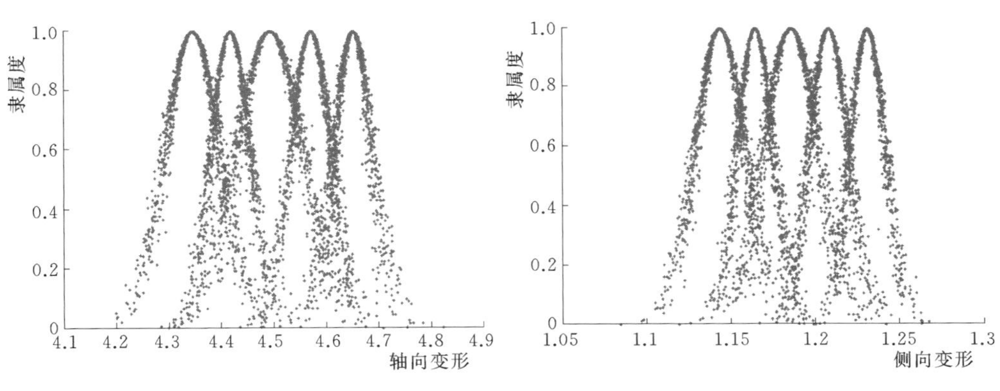

图 5.49　S_{ε_a} 定性概念的云图　　图 5.50　S_{ε_r} 定性概念的云图

针对参数 n：

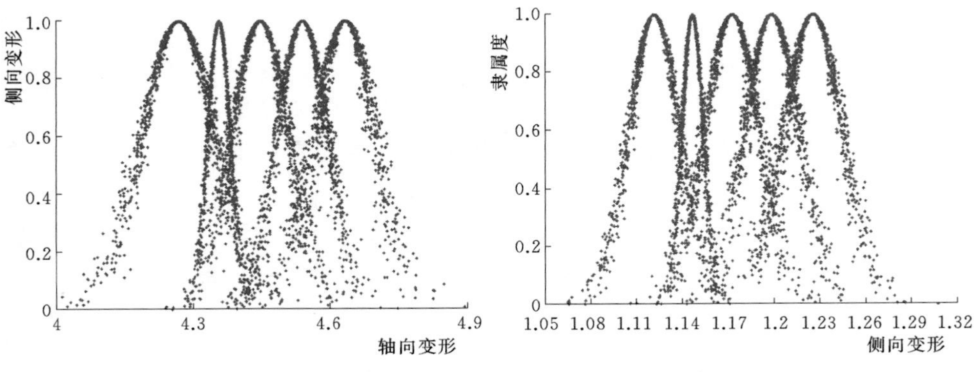

图 5.51 S_{ε_a} 定性概念的云图

图 5.52 S_{ε_r} 定性概念的云图

针对参数 R_f：

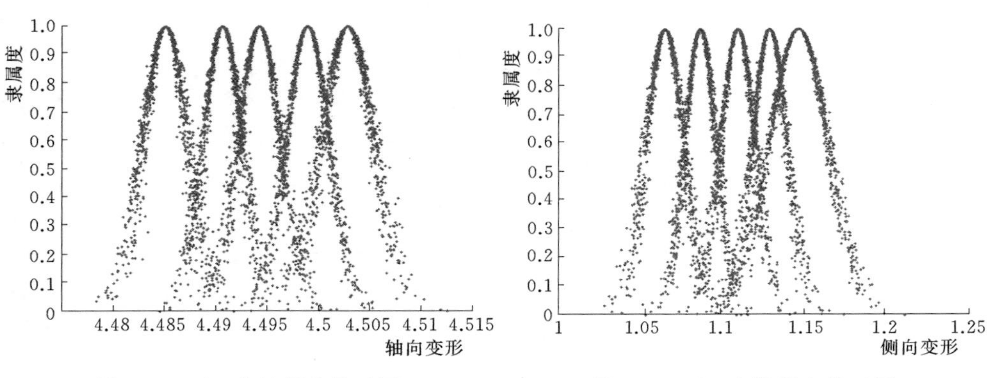

图 5.53 S_{ε_a} 定性概念的云图

图 5.54 S_{ε_r} 定性概念的云图

针对参数 G：

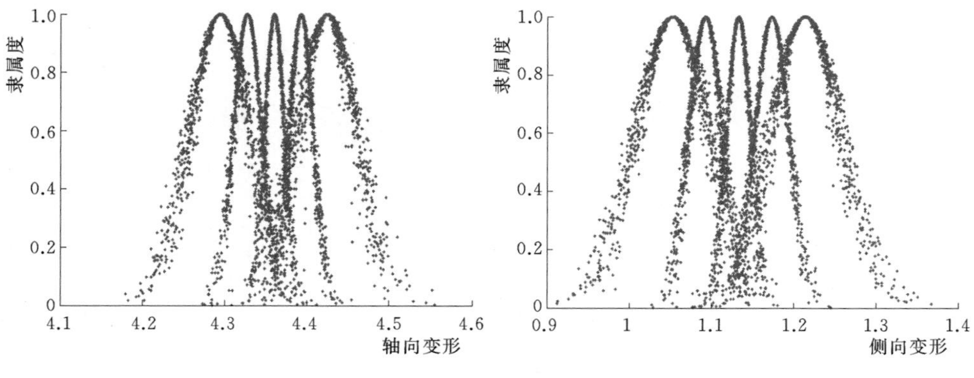

图 5.55 S_{ε_a} 定性概念的云图

图 5.56 S_{ε_r} 定性概念的云图

针对参数 F：

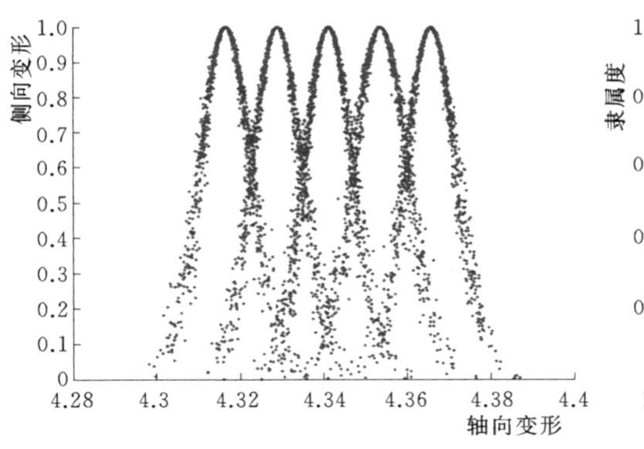

图 5.57 S_{ε_a} 定性概念的云图

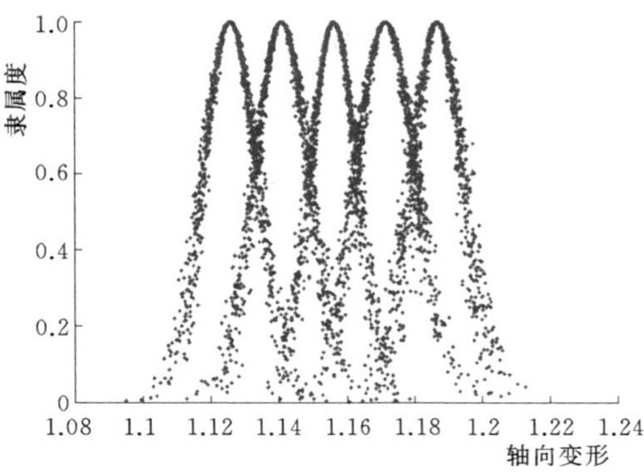

图 5.58 S_{ε_r} 定性概念的云图

针对参数 D：

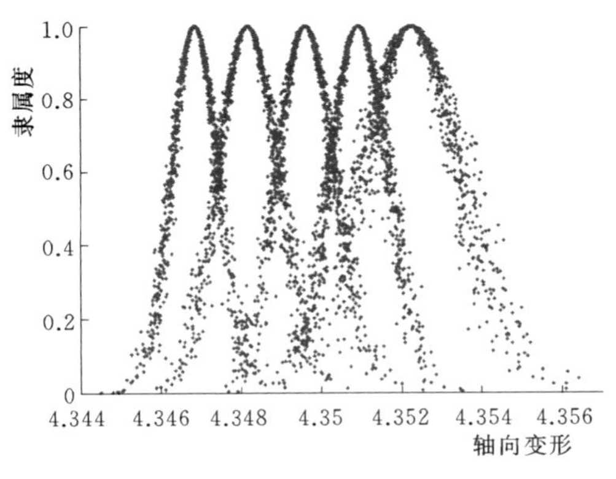

图 5.59 S_{ε_a} 定性概念的云图

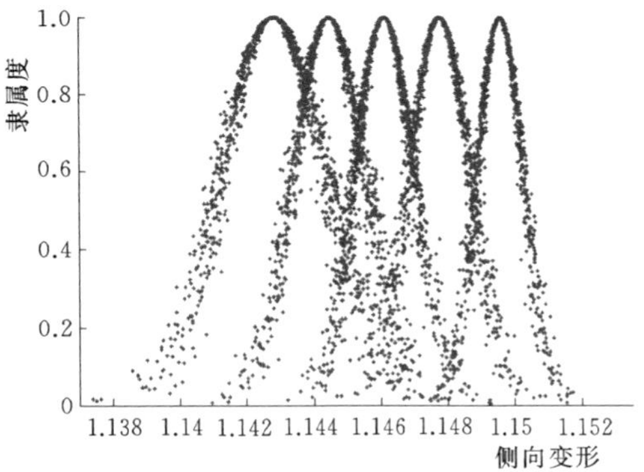

图 5.60 S_{ε_r} 定性概念的云图

2. 基于云推理的 E-ν 模型参数反演

我们根据有限元的计算结果，在相对精确的输入条件下可以给出精确输出的情况。针对参数 K：

如果轴向变形 S_{ε_a} 为 4.65192cm，侧向变形 S_{ε_r} 为 1.23105cm，则参数 K 为 420。

如果轴向变形 S_{ε_a} 为 4.57140cm，侧向变形 S_{ε_r} 为 1.20810cm，则参数 K 为 427.5。

如果轴向变形 S_{ε_a} 为 4.49376cm，侧向变形 S_{ε_r} 为 1.18590cm，则参数 K 为 435。

如果轴向变形 S_{ε_a} 为 4.41864cm，侧向变形 S_{ε_r} 为 1.16445cm，则参数 K 为 442.5。

如果轴向变形 S_{ε_a} 为 4.34604cm，侧向变形 S_{ε_r} 为 1.14375cm，则参数 K 为 450。

这些非线性对应关系的建立是反演的关键步骤，足够多的经典对应关系能够提升所建立的云推理模型的精确度。通常情况下的反演结果仅仅由重要点计算得出，而将每个重要点带入正向云发生器得出所在区域的5个点，使得反演结果包含所有的可能。将某一参数引入正向云发生器列出区域内的5个点，通过有限元耦合正分析计算出每个点所对应的轴向变形 S_{ε_a}、侧向变形 S_{ε_r}。利用逆向云发生器处理能够得到规则前件与规则后件的定性概念，前件定性概念与后件定性概念相对应形成一条定性规则。在定性规则中的定性概念运用自然语言来表达，它们都可以用3个云数字特征（Ex，En，He）来表示。将定性概念分别命名为“1、2、3、4、5”。

根据不确定性云推理，分别建立 E－ν 模型参数 K、n、R_f、G、F 和 D 的规则前件，同时也要建立与各规则前件相对应的规则后件。

针对参数 K：

轴向变形 S_{ε_a} 的规则前件5个定性概念的云表示方法如下：

$$\left.\begin{aligned}C_{A_{K11}}&=C(4.65192,0.0368381,0.0069526)\\C_{A_{K12}}&=C(4.57140,0.0386424,0.0049801)\\C_{A_{K13}}&=C(4.49376,0.0634016,0.0078432)\\C_{A_{K14}}&=C(4.418640,0.0375063,0.0047860)\\C_{A_{K15}}&=C(4.346040,0.0522583,0.0065912)\end{aligned}\right\}$$

侧向变形 S_{ε_r} 的规则前件5个定性概念的云表示方法如下：

$$\left.\begin{aligned}C_{A_{K21}}&=C(1.23105,0.0105565,0.0014948)\\C_{A_{K22}}&=C(1.20810,0.0115902,0.0015155)\\C_{A_{K23}}&=C(1.18590,0.0161637,0.0021693)\\C_{A_{K24}}&=C(1.16445,0.0106713,0.0013607)\\C_{A_{K25}}&=C(1.14375,0.0148271,0.0018693)\end{aligned}\right\}$$

针对参数 K 来说，规则前件轴向变形 S_{ε_a}、侧向变形 S_{ε_r} 的定性概念中云滴与其确定度之间的关系可由图5.45和图5.46所示。

依照规则前件的建立，参数 K 规则后件的5个定性概念的云表示方法如下：

$$\left.\begin{aligned}C_{B_{K1}}&=C(420,5,0.5)\\C_{B_{K2}}&=C(427.5,5,0.5)\\C_{B_{K3}}&=C(435,5,0.5)\\C_{B_{K4}}&=C(442.5,5,0.5)\\C_{B_{K5}}&=C(450,5,0.5)\end{aligned}\right\}$$

参照以上对应关系，针对某一参数来说，当一组精确的轴向变形 S_{ε_a}、侧向变形 S_{ε_r} 输入时，分别计算它对各自5条云规则前件的5个定性概念的确定度。然后对5组确定度进行“软与”运算，确定规则库第 i 条规则的激活强度 μ_i。

如果只有一组确定度 μ_i 大于0，则规则库中第 i 条规则被激活，激活强度为 μ_i，直接利用后件云发生器生成输出。

如果有2组确定度大于0，设为 μ_i 和 μ_{i+1}，则规则库中第 i 条规则和第 $i+1$ 条规则被激活，激活强度分别为 μ_i 和 μ_{i+1}。采用虚拟云的方法形成输出。

当用这两组确定度激活相应规则后件时，会产生4个云滴，此式选取最外侧的两个云滴，用几何方法构造一个虚拟的概念，仍然用云表示。

设一个虚拟云 $B(Ex, En, He)$，覆盖 $a(x_1, \mu_1)$、$b(x_2, \mu_2)$ 两个云滴，则邓肯-张 E－ν 模型输出即为

$$K=\frac{x_1\sqrt{-2\ln\mu_2}+x_2\sqrt{-2\ln\mu_1}}{\sqrt{-2\ln\mu_1}+\sqrt{-2\ln\mu_2}} \tag{5.18}$$

当有3个以上的确定度大于0时，直接利用逆向云发生器生成虚拟云的期望，此期望即为 E－ν 模型参数输出值。

根据以上计算规则可建立起多条件多规则发生器，轴向变形、侧向变形的定性概念“1、2、3、4、5”与 E－ν 模型参数的定性概念“1、2、3、4、5”分别对应，运用多条件多规则发生器进行 E－ν 模型参数的反演。将一组通过试验实测的轴向变形 S_{ε_a}、侧向变形 S_{ε_r} 作为输入代入云推理模型中时，可以得到输出值——反演的模型参数。

运用云推理算法进行 E－ν 模型参数反演后，还需进行对比计算，验证算法的合理性与可行性，所以将进行以下验算，针对参数 K：

将在围压200kPa条件下通过序次1试验得到的轴向变形 $S_{\varepsilon_a}=4.5$cm、侧向变形 $S_{\varepsilon_r}=1.2362$cm 代入云推理模型中，得到反演的 E－ν 模型参数 $K=421.7570$cm/d，将其代入 ABAQUS 进行有限元正分析中，计算出轴向变形 $S_{\varepsilon_a}=4.6467$cm、侧向变形 $S_{\varepsilon_r}=1.2295$cm；通过序次2试验得到的轴向变形 $S_{\varepsilon_a}=4.5$cm、侧向变形 $S_{\varepsilon_r}=1.1986$cm 代入云推理模型中，得到反演的 E－ν 模型参数 $K=431.5781$cm/d，将其代入 ABAQUS 进行有限元正分析中，计算出轴向变形 $S_{\varepsilon_a}=4.5267$cm、侧向变形 $S_{\varepsilon_r}=1.1958$cm；通过序次3试验得到的轴向变形 $S_{\varepsilon_a}=4.5$cm、侧向变形 $S_{\varepsilon_r}=1.1823$cm 代入云推理模型中，得到反演的 E－ν 模型参数 $K=439.3555$cm/d，将其代入 ABAQUS 进行有限元正分析中，计算出轴向变形 $S_{\varepsilon_a}=4.4609$cm、侧向变形 $S_{\varepsilon_r}=1.1715$cm。围压400kPa、600kPa试验条件下进行验算的步骤与以上相同。具体结果见表5.5。

表5.5　针对参数 K 实测值与计算值对比

围压/kPa	试验序次	实测值/cm		计算值/cm		相对误差/%	
		$S_{\varepsilon a}$	$S_{\varepsilon r}$	$S_{\varepsilon a}$	$S_{\varepsilon r}$	$S_{\varepsilon a}$	$S_{\varepsilon r}$
200	1	4.5	1.2362	4.6467	1.2295	3.2602	0.5452
	2	4.5	1.1986	4.5267	1.1958	0.5940	0.2336
	3	4.5	1.1823	4.4609	1.1715	0.8696	0.9095
400	1	4.5	1.1698	4.4339	1.1681	1.4689	0.1455
	2	4.5	1.1564	4.3597	1.1477	3.1171	0.7567
	3	4.5	1.1472	4.3191	1.1399	4.0190	0.6339
600	1	4.5	1.1301	4.2858	1.1230	4.7593	0.6283
	2	4.5	1.1259	4.2569	1.1168	5.4022	0.8082
	3	4.5	1.1123	4.1765	1.1025	7.1899	0.8811

由表5.5可知，在围压为200kPa条件下，通过计算可得计算值 S_{ε_a} 与实测值 S_{ε_a} 的最大相对误差为3.26%，计算值 S_{ε_r} 与实测值 S_{ε_r} 的最大相对误差为0.9059%；在围压为400kPa条件下，通过计算可得计算值 S_{ε_a} 与实测值 S_{ε_a} 的最大相对误差为4.0190%，计算值 S_{ε_r} 与实测值 S_{ε_r} 的最大相对误差为0.7567%；在围压为600kPa条件下，通过计算可得计算值 S_{ε_a} 与实测值 S_{ε_a} 的最大相对误差为7.1899%，计算值 S_{ε_r} 与实测值 S_{ε_r} 的最大相对误差为0.8811%；可得到计算值与实测值的最大相对误差均在10%以内，个别超过5%，表明反演精度较高。

综上，本节将待反演的 K、n、R_f、G、F、D 这6个参数依据常规三轴试验确定的范围分别划分区间指标，依据参数反演的基本步骤进行E－ν模型参数反演：首先利用正向云发生器构造参数训练样本；然后根据有限元分析流程，建立三轴剪切试验圆柱试件的三维有限元模型，运用ABAQUS有限元正耦合分析构建针对某一参数的轴向变形 S_{ε_a}、侧向变形 S_{ε_r} 训练样本；之后利用逆向云发生器求轴向变形 S_{ε_a}、侧向变形 S_{ε_r} 定性指标的云数字特征；最后将轴向变形、侧向变形定性指标云数字特征作为云推理规则前件，将邓肯-张E－ν模型参数作为云推理规则后件，利用"软与"将规则前件与规则后件进行非线性映射，构成多条件多规则云发生器，从而建立不确定性云推理模型，与此同时遵循"软与"计算规则，完成邓肯-张E－ν模型的参数反演研究。本章最后一部分是对基于云推理的E－ν模型参数不确定性反演分析方法的验证过程，利用反演出的参数按照流程在ABAQUS中重新计算圆柱试件的应力变形情况，并将计算得到的轴向变形 S_{ε_a}、侧向变形 S_{ε_r} 计算值与试验实测值进行对比分析，计算值与实测值的最大相对误差较小，均在10%以内，表明E－ν模型参数 K、n、R_f、G、F、D 的反演计算结果具有合理性，运用云推理算法对E－ν模型参数进行反演具有可行性。

本章参考文献

[1] 刘军定，李荣建，孙萍，等. 基于结构性黄土联合强度的邓肯-张非线性本构模型 [J]. 岩土工程学报，2018，40（1）：124-128.

[2] 蒋琳，王双川，刘莹，孔凡成. 基于熵权-云模型的航空弹药保障能力评估 [J]. 兵器装备工程学报，2019，40（7）：180-184.

[3] 侯慧敏，周冬蒙，徐存东，等. 基于云理论改进 AHP 的泵站节能增效综合评价 [J]. 华北水利水电大学学报（自然科学版），2019，40（4）：15-21.

[4] 林旭旭，程海礁. 基于3熵规则改进的综合云技术 [J]. 湖南科技学院学报，2018，39（5）：4-6.

[5] 范鹏飞. 大坝工作性态监测评估的云模型及其应用 [J]. 中国水利水电科学研究院学报，2017，15（3）：227-233.

[6] 叶琼，李绍稳，张友华，等. 云模型及应用综述 [J]. 计算机工程与设计，2011，32（12）：4198-4201.

[7] 高蔺云，黄晓荣，奚圆圆，等. 基于云模型的四川盆地气候变化时空分布特征分析 [J]. 华北水利水电大学学报（自然科学版），2017，38（1）：1-7.

[8] 王丹丹，李美花，崔家佐. 基于逆向条件云发生器的评价模型研究 [J]. 信息与电脑（理论版），2017（23）：49-50.

[9] 徐波，战晓苏，靳立忠. 基于重心云推理的战略方向军事安全威胁评估方法 [J]. 军事运筹与系统工程，2019，33（1）：15-20.

[10] 乔帅，续欣莹，阎高伟. 基于云推理的协方差矩阵自适应进化策略算法 [J]. 计算机应用与软件，2016，33（8）：242-245，272.

[11] 罗党，王胜杰. 区域旱灾风险管理中的灰色局势群决策方法 [J]. 华北水利水电大学学报（自然科学版），2018，39（2）：63-68.

[12] 郝伟，蒋琪，张宇. 基于不确定性云推理的刀具磨损量预测方法 [J]. 机床与液压，2018，46（10）：1-6.

[13] LI Deyi，DI Kaichang，et al. Miing Association Rules with Linguistic Cloud Models [J]. Journal of Software，2000，11（2）：143-158.

[14] WANG Fang，LI Yanpeng，LI Xiang. Perforcmance evaluation for autocmatic target recognition based on cloud theory [J]. 2008 international conference on radar，Adelaide，SA，Australia，2008：498-502.

[15] 魏庆宾. 基于云概率密度分布估计的大坝监测数据分析 [J]. 人民长江，2015，46（10）：77-82.

[16] 王芳. 基于电价预测的发电企业报价策略研究 [D]. 北京：华北电力大学（北京），2011.

[17] 张欣，丁秀丽，李术才. ABAQUS 有限元分析软件中 Duncan-Chang 模型的二次开发 [J]. 长江科学院院报，2005（4）：45-47，51.

[18] 费康，刘汉龙. ABAQUS 的二次开发及在土石坝静、动力分析中的应用 [J]. 岩土力

学，2010，31（3）：881-890.

[19] 苏丹，杨万奎. 反演法求解渗透参数在土石坝安全评价中的应用［J］. 水利科技与经济，2013，19（4）：37-38，41.

[20] 付剑峰. 基于材料参数区间反演下的大坝安全稳定性分析［J］. 吉林水利，2019（6）：31-33，48.

[21] 孙荣，邓成发. 基于免疫遗传算法的邓肯-张E-B模型参数反演分析［J］. 水电能源科学，2015，33（1）：75-77.

[22] 宋志宇，李斌，宋海亭. 基于神经网络的土体渗透参数反演研究［J］. 人民黄河，2009，31（11）：126-127.

[23] 赵尚毅，郑颖人，邓卫东. 用有限元强度折减法进行节理岩质边坡稳定性分析［J］. 岩石力学与工程学报，2003，22（2）：254-260.

[24] 郑颖人，张玉芳，赵尚毅. 有限元强度折减法在元磨高速公路高边坡中的应用［J］. 岩石力学与工程学报，2005，24（21）：3812-3817.

[25] 闻世强. 茅坪溪沥青混凝土心墙堆石坝反演分析［D］. 南京：河海大学，2004.

[26] 李德毅，刘常昱. 正态云模型的普适性［J］. 中国工程科学.2004，6（8）：28-34.

第6章　土石坝工程实例仿真分析

6.1　实例分析1

6.1.1　工程概况

本章的工程实例是砾石土直心墙土石坝（图6.1），坝顶高程2403.00m，坝顶宽度8m，大坝高112m，坝轴线长度468.5m。坝体采用砾石土心墙防渗，心墙上下游布置有反滤层、过渡层和堆石区，心墙顶高程为2142.00m，顶宽为4m，底宽为65m，上下游坡比均为1∶0.25；上、下游反滤层厚度分别为3m和4m，过渡层厚度为4～33m，上游坝坡为1∶2，下游坝坡为1∶1.8。

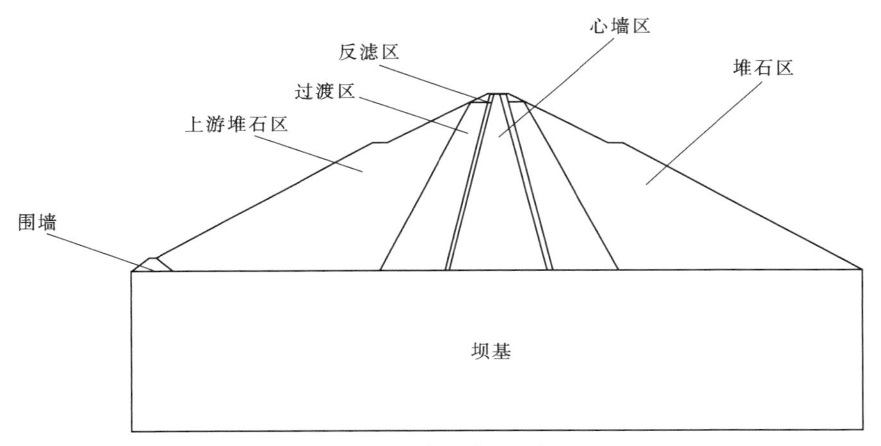

图6.1　直心墙土石坝

坝基河床为深厚覆盖层，一般厚度57～65m，最大深度达72.40m。其结构层次自下而上分为4层：第①层为漂卵（碎）砾石层，厚8～24m；第②层为卵砾石土，厚4～10.5m；第③层为块（漂）碎卵石层，厚16～21m；第④层为漂卵砾石层，厚17～21m。另外，坝肩右岸分布有一古河道堆积体，堆积体深度约30m。

本研究项目的计算中，土石料本构模型采用了邓肯-张E-ν模型。对于土石坝的应力应变分析有两种方法：一是采用线弹性有限元法；二是采用非线性有限元法进行计算。线弹性有限元法的优点是计算简便、迅速，计算结果通过云图以及具体数值反映土石坝的应力应变分布，大体上反映坝体体形、地基、不同材料和施工顺序对应力分布的影响，能够指出可能开裂的部位，并可用来和非线性有限元计算结果进行比较。非线性有限元法可考虑坝体材料的非线性影响，根据所确定的计算模型，结合坝体施工过程，采用增量法分级计算，计算结果较准确[1]。本章根据粗粒料常规三轴试验推导出了邓肯-张 E－ν 模型参数以及根据粗粒料湿化试验提出了湿化模型，选用的材料也是水库的筑坝材料，经过了之前的有限元验证和模型验证，有限元数值模拟结果和试验结果相似，提出的模型也符合客观规律，因此可以将模型参数以及湿化模型应用到这个土石坝的有限元数值模拟，对大坝在蓄水期变形量进行预测。

通过 ANSYS 有限元的 APDL 界面的二次开发将本章试验得出的湿化变形公式进行结合，通过模型的建立以及荷载约束的施加，对土石坝的考虑湿化因素的应力、应变进行分析。

6.1.2 数值模拟原理

考虑湿化和不考虑湿化对于坝体内部的应力位移变化是不一样的，根据下面的原理进行大坝数值模拟：

（1）根据试样在通水之前的应力状态，通过考虑加入湿化模型以后，计算出试样在没加入水的应力状态加入湿化因素以后的湿化变形量即轴变和体变。

（2）由于湿化变形导致试样处于不平衡的状态，因此需要重新分配增加的节点力，而在有限元分析过程中，需要将湿化变形增加的节点力重新分配到节点上以达到平衡状态。

（3）在有限元分析过程中重新计算由于考虑湿化变形的导致增加的体变和轴向变形。

（4）在实际的工程中，土石坝蓄水的变形量本章只考虑水的浮托力和水压力，而没有将湿化考虑进去，本章进行有限元分析的过程中，将试验所提取的湿化变形公式编入相应的程序里面。

计算程序为 ANSYS 的 APDL 的二次开发，将邓肯-张 E－ν 模型进行改进，加入湿化公式，通过常规三轴试验得到邓肯-张 E－ν 模型参数代入改进的有限元程序里，得到相应的应力和位移公式。在有限元分析的过程中，本章考虑的是大坝蓄水期的情况，当未考虑湿化时，上游水压力以及浮托力对大坝的位移以及应力分布有很大的关系，下面的分析分为两部分，当考虑上游水压力、浮托力而不考虑湿化效应；另一种情况为当考虑湿化效应、上游水压力和浮托力。施加梯度力。

6.1.3 静力有限元计算方法

有限元法是将有限个单元将连续体离散化，通过对有限个单元作分片插值

求解各种力学、物理问题的一种数值方法[2]，静力有限元法的支配方程为

$$[K]\{\delta\}=\{R\} \tag{6.1}$$

式中：$[K]$ 为整体劲度矩阵；$\{R\}$ 为等效节点荷载列阵；$\{\delta\}$ 为待求解节点位移列阵。

由此可以计算得到各单元内的位移和应力。实际上，$[K]$ 和 $\{R\}$ 是由相应的单元矩阵组装而成的：

$$[K]=\sum_{e}[x]^{\mathrm{T}}[K]^{e}[x] \tag{6.2}$$

$$[R]=\sum_{e}\{R\}^{e} \tag{6.3}$$

$$[K]^{e}=\int_{\Omega e}[B]^{\mathrm{T}}[D][B]\mathrm{d}\Omega \tag{6.4}$$

式中：$[x]$ 为单元选择矩阵；$[D]$ 为弹性矩阵；$[B]$ 为应变矩阵。

6.1.4 土石坝有限元分析结果

6.1.4.1 土石坝网格剖分

如图 6.2 所示，根据工程实际，建立土石坝有限元分析模型，部分网络单元为 289920，节点数 310063。

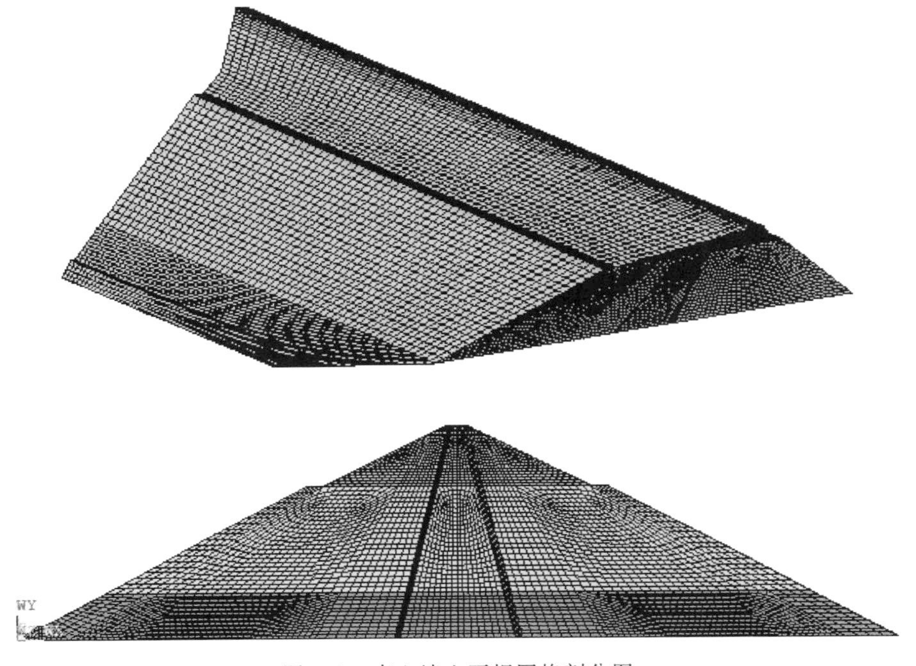

图 6.2 直心墙土石坝网格剖分图

6.1.4.2　坝体位移分析

坝体的侧面施加法向力，底部施加全约束，对大坝施加梯度力，施加的压力相当于正常蓄水位的水压力，加入重力加速度。对于大坝湿化变形的考虑，未考虑湿化时加入浮托力以及上游水压力；考虑湿化效应时，除了浮托力以及上游水压力外，还要考虑湿化作用。

在下面的成果图中：规定大坝位移单位为 m，向上为正，向下为负；大小主应力单位为 Pa，拉应力为正，压应力为负。有限元分析结果如图 6.3～图 6.5 所示。

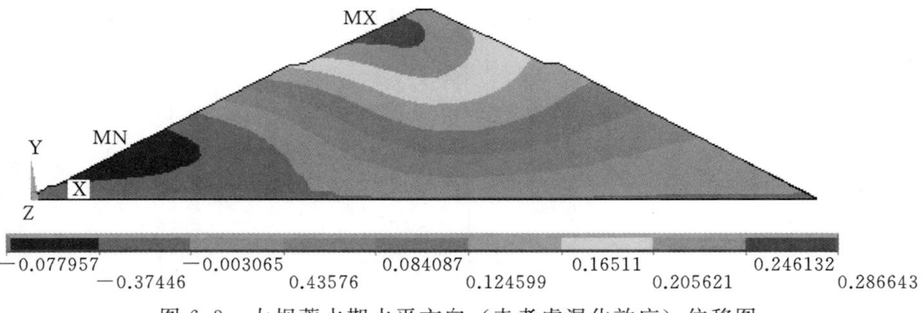

图 6.3　大坝蓄水期水平方向（未考虑湿化效应）位移图

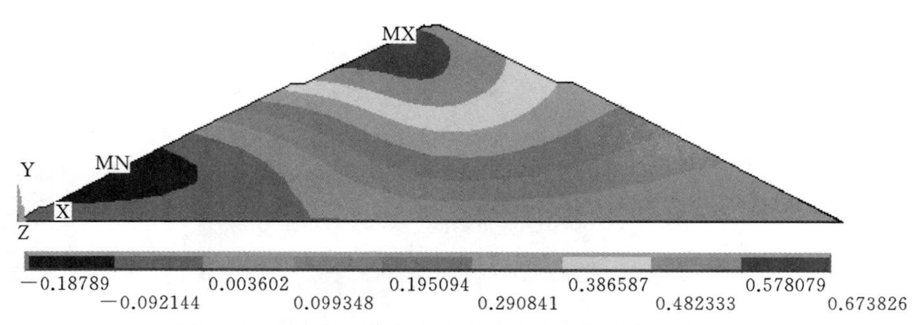

图 6.4　大坝蓄水期水平方向（考虑湿化效应）位移图

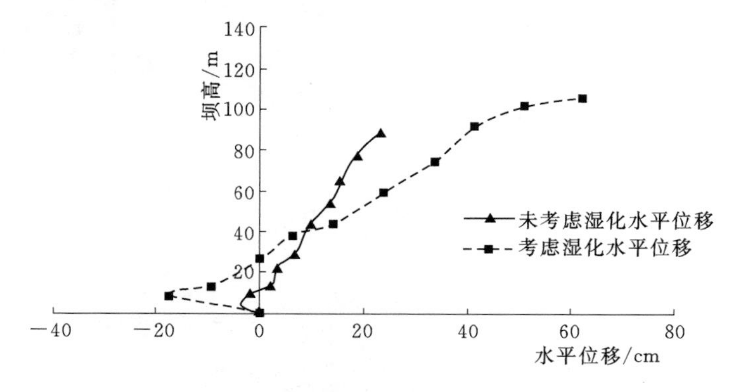

图 6.5　大坝湿化效应水平位移对比图

当不考虑湿化因素影响时，坝体施加梯度力相当于上游蓄水以后的静水压力，在水的作用下，大坝会受到浮托力的影响；由图6.6可知，在大坝的上游侧顶端出现了水平位移向顺水流方向位移的情况大约28m，上游底部出现了顺水流方向的反方向位移大约5.8cm，说明大坝在蓄水过程中，大坝内部有效应力发生了变化，而在大坝上游侧的中间部位出现了拉应力，但总体大坝向顺水流方向位移。这些因素的产生与大坝受到的静水压力以及水流产生的浮托力有关。

当大坝水位蓄到正常蓄水位时，如果考虑湿化效应，大坝内部粗粒料颗粒在水的作用下，发生了软化和破碎，致使筑坝材料的相对应的位移以及应力都会发生变化，影响大坝安全；从水平位移对比可以看出，当考虑湿化时，大坝上游侧的最大水平位移大约为53cm，最小是14cm，如图6.7所示。而未考虑湿化时，大坝上游侧的最大水平位移大约为28cm，最小是5.8cm，如图6.8所示。从数值上可以看出湿化效应对大坝影响还是比较大的，水平位移大约是2倍关系，因此大坝在蓄水期应该考虑，粗粒料的湿化作用。

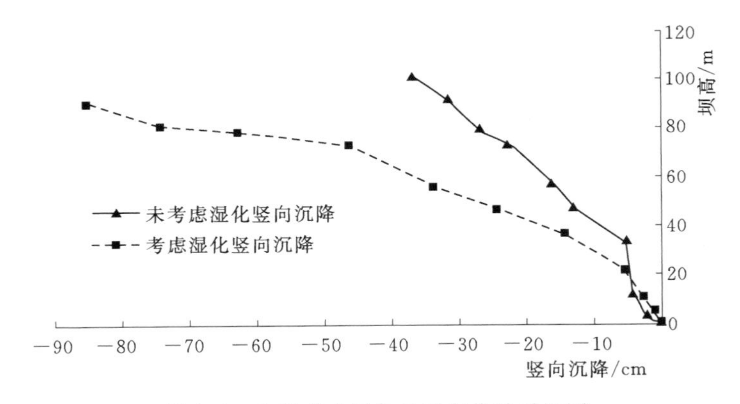

图6.6 大坝考虑湿化的竖向位移对比图

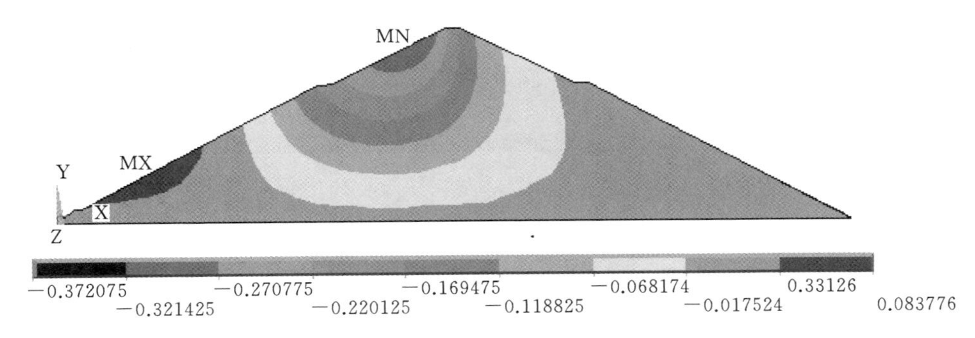

图6.7 大坝蓄水期竖直方向（未考虑湿化效应）沉降图

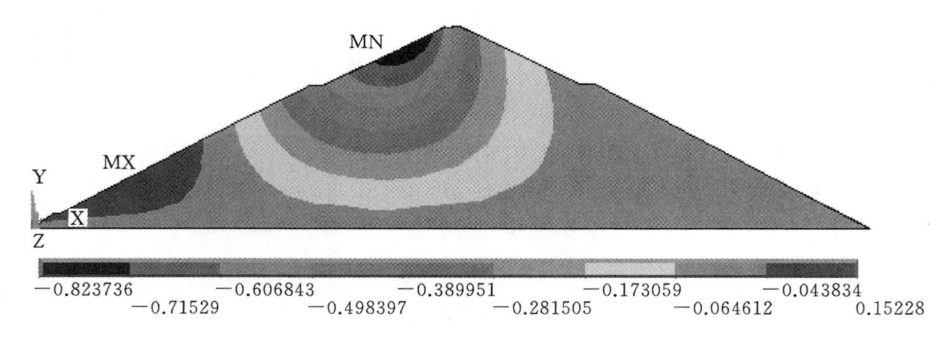

图 6.8 大坝蓄水期竖直方向（考虑湿化效应）位移图

在未考虑湿化效应时，大坝在竖向荷载以及重力的作用下，上游坝顶处出现了最大沉降量为 37.2cm；上游坝踵处附近出现了上拱现象，数值大约为 8.4cm；这与实际情况相符，大坝的高程越高，其累计沉降量就越大。

当考虑湿化效应时，竖向位移最大为 82cm，上游坝踵处附近出现上拱现象，数值为 15cm，对于大坝来说，当大坝竣工时，由于自重的原因，大坝也会出现沉降，工况是正常的情况，但是在大坝如果考虑湿化效应时，筑坝材料的粗粒料之间的摩擦角和黏聚力都会发生变化，因此大坝的沉降量就会有明显的增加。

6.1.4.3 坝体应力分析

由图 6.9～图 6.11 可知，在未考虑湿化时，大坝底部受到静水压力的作用，底部出现了压应力，这与实际相符，而有效应力也随着发生变化，顶部出现了拉应力，岩土力学上设定拉为正，压为负，而应力分布也主要集中在上游，说明应力分布主要集中在上游侧。

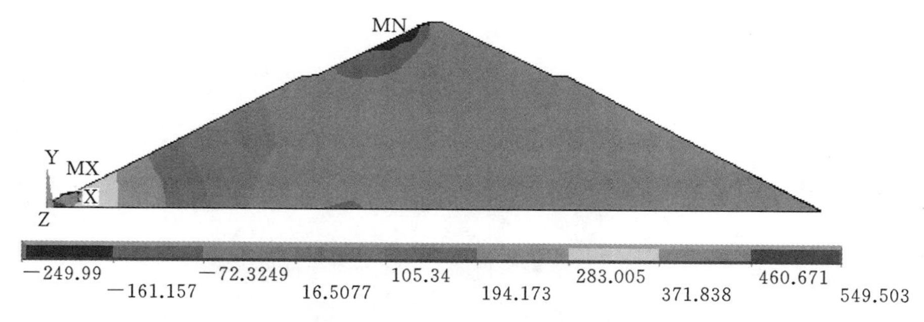

图 6.9 大坝蓄水期（未考虑湿化效应）大主应力图

在大坝考虑湿化时，大坝的沉降会增加，导致大坝的应力在相同位置也会增加，从应力分布云图以及应力对比图上可以看出，在考虑与不考虑湿化效应时，大坝的应力数值会明显的增加或者减小。

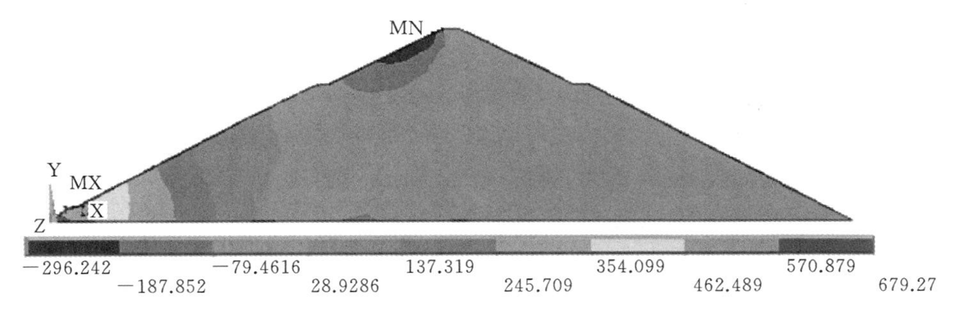

图 6.10 大坝蓄水期（考虑湿化效应）大主应力图

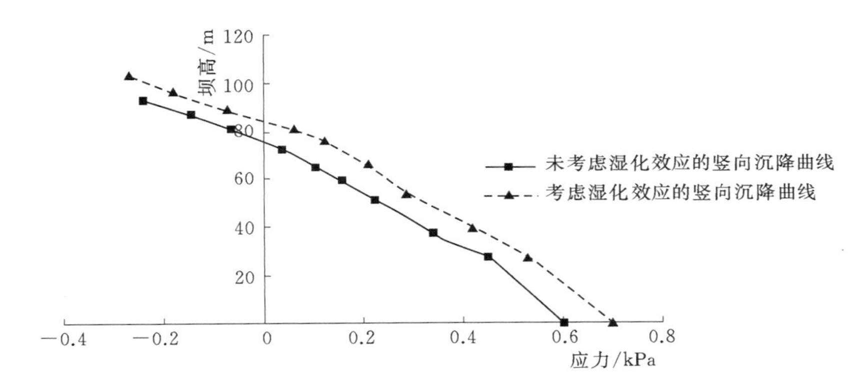

图 6.11 大坝考虑湿化的应力对比图

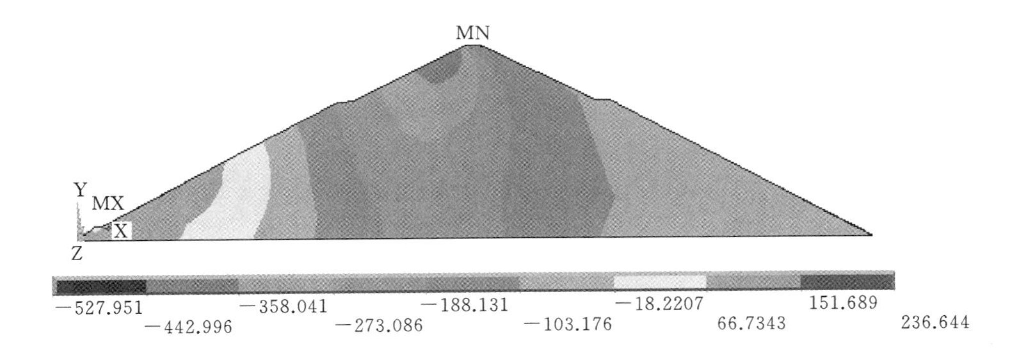

图 6.12 大坝蓄水期（未考虑湿化效应）小主应力图

由图 6.12～图 6.14 可知，在未考虑湿化时，大坝上游底部受到静水压力的作用，底部出现了压应力，这与实际相符，而有效应力也随着发生变化，顶部出现了拉应力，岩土力学上设定拉为正，压为负，而应力分布也主要集中在上游，说明应力分布主要集中在上游侧。而下游在水平位移和竖直位移的作用下，大

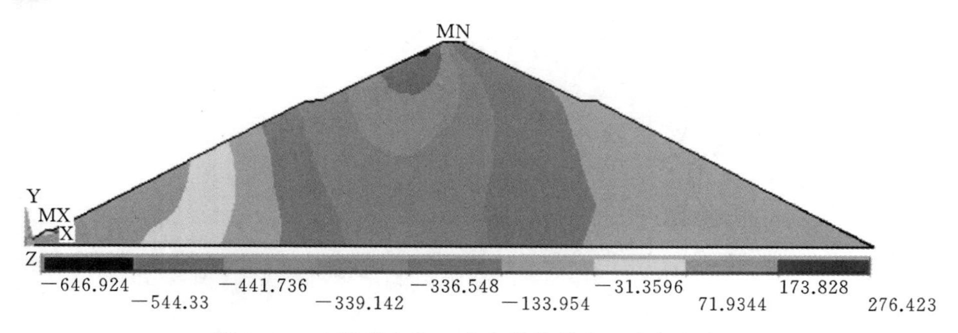

图 6.13 大坝蓄水期（考虑湿化效应）小主应力图

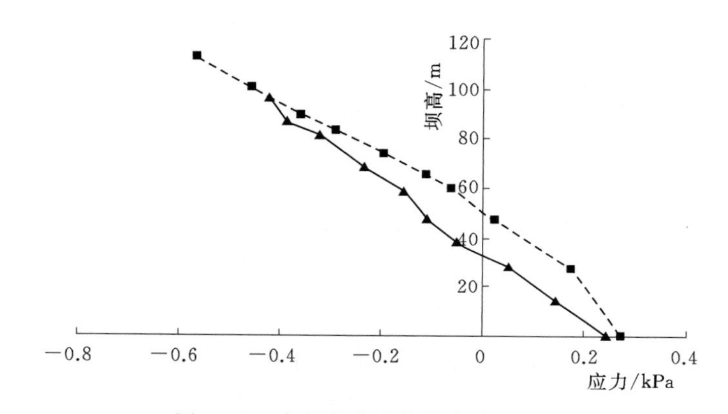

图 6.14 大坝考虑湿化的应力对比图

坝的上游侧的应力也会发生变化，由应力分布云图和对比图可知。

在大坝考虑湿化时，大坝的沉降会增加，导致大坝的应力在相同位置也会增加，从应力分布云图和应力对比图上可以看出，在考虑与不考虑湿化效应时，大坝的应力数值会明显的增加或者减小。

根据试验结果可以达到如下结论：由于湿化的作用，摩擦角和黏聚力发生改变，而位移和应力位置以及大小也随之发生变化，因此考虑湿化效应的大坝的大小主应力和竖向和水平位移数值明显小于考虑湿化效应的大坝的大小主应力和竖向和水平位移数值，因此为了大坝安全运行，在大坝蓄水过程中应密切注意湿化变形对于大坝的安全影响。

6.1.5 小结

本节对土石坝进行了建模，并且分析了土石坝在蓄水期间考虑湿化效应和不考虑湿化效应的大小主应力以及竖直和水平方向位移的变化情况，得出如下结论。

（1）在大坝进行有限元分析的过程中，需要对大坝模型进行网格剖分，网格越细密，其分析结果越精确，本节不采用自由剖分，将剖分形状划分为六面体，需要将对大坝进行分区，每个区域都需要定义材料属性；由于坝体模型被山体切割，坝肩的形状不规则，不容易剖分网格，因此要开启局部坐标系，整体规划，对坝体分块剖分，对于每条线进行划分，尽量均匀，并且每个部分的剖分网格的节点都要对应，这样才能使各个节点力的传递，使大坝能进行有限元分析。

(2) 对于大坝的蓄水期的湿化效应考虑，蓄水过程中，按正常情况来说，大坝都会有沉降，由于水压力以及自重的因素，沉降量的大小跟大坝材料、地基，以及施工质量都有关系；但是当考虑湿化效应时，由于筑坝材料的之间的黏聚力以及摩擦角都会发生变化，而颗粒也会由于软化而破碎导致大坝产生更多的沉降，影响大坝的安全运行，由有限元分析可知，考虑和不考虑湿化效应时，基本水平位移和竖向沉降基本是 2 倍关系，因此粗粒料的通水湿化变形对于大坝安全运行具有重要的意义。

6.2 实例分析 2

本节以河南某水库为计算案例，对水库初次蓄水进行数值模拟，将湿化计算应用到实际工程中，以此来分析工程施工沉降变形和蓄水变形。若数值模拟计算结果与实际工程监测结果接近，则此方法可以应用到土石坝设计过程中湿化部分的沉降值计算。本节将对比水库考虑湿化后的沉降变形和不考虑湿化的沉降变形数值，以此为依据进行分析讨论。

6.2.1 工程介绍

水库大坝最大坝高约 35m，坝长 4000 多 m，坝顶高程 117.8m，防浪墙顶部高程为 119m。该坝采用混合防渗的方法，主河道大坝最高段采用黏土斜墙防渗的形式，左右岸坝段较低位置分别采用混凝土防渗帷幕和均质坝与黏土截水槽结合的方式。

大坝迎水坡为 2 级阶梯式断面。主河道到第 1 级阶梯坡比为 1∶6。第 1 级阶梯到第 2 级阶梯坡比为 1∶3.5。第 2 级阶梯到坝顶坡比为 1∶3.0。河底高程为 85.92m，第一级阶梯高 8.08m，第二级阶梯高 13.4m，二级到坝顶高 11.6m，总坝高共 33.08m。第一级阶梯在施工阶段为施工期围堰，坝体施工完毕后，将坝体与围堰相连形成斜墙防渗体，并将围堰上游坡比由 1∶2 放坡到 1∶6 形成抛土闭气，顶宽由 2m 延长到 10m。围堰下游坡比由 1∶2 放坡到 1∶2.5 并填筑黏土与上游防渗连接形成闭合防渗体。第一级阶梯到第二级阶梯坡面为 400mm 干砌石加 600mm 垫层反滤材料。第二级阶梯宽 8m，高程为 107.40m，高于正常蓄水位。水库正常运行时，二级阶梯可以为临时道路。由二级阶梯到坝顶采用500mm干砌石加500mm垫层反滤材料。

坝顶设有1.2m高防浪墙，坝顶宽8m。坝顶与下游坡连接处为3m宽的碎石排水带，排水带坡比为1∶1.25，两边设2m宽反滤层。排水带在高程为91m处转弯，变为1∶2.5反斜坡。最后与下游坝角处连接。坝体下游坡比为1∶2.5，设300mm干砌石加200mm卵砾石层。大坝坝基有5m深的卵石层，挖出后设5m深黏土垫层。

6.2.2 湿化变形仿真模拟

本次湿化模拟原理基于广义塑性模型，由于无法直接计算湿化引起的变形，采用插值法进行计算，具体步骤如下。

（1）耦合坝体渗流和坝体受水压力两种情况下位移值和应力值，记为 D_1。

（2）耦合坝体渗流、湿化和坝体受水压力3种情况的位移值和应力值，记为 D_2。

（3）根据式（6.1）计算得到湿化变形值：

$$D_w = D_2 - D_1 \tag{6.5}$$

1. 模型构建

模拟水库实际工程模型，比例为1∶1，根据两岸山体坡度，进行简化；模拟坝型如图6.15所示，水库实际网格剖分图。大坝整体为倒梯形，分5层施工，本次计算不模拟施工期计算。

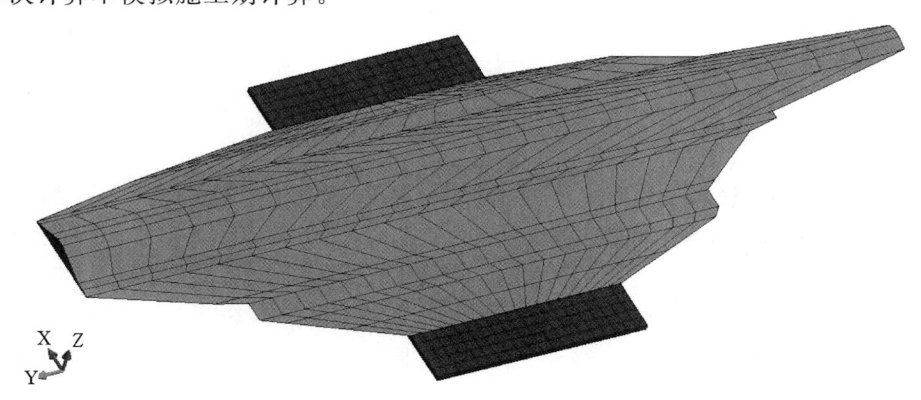

图6.15 水库实际网格剖分图

湿化变形以大坝建成后第一次蓄水最为明显，本次模拟以大坝建成后（施工自然沉降完成）第一次蓄水后考虑湿化变形的计算结果。分别对湿化变形的竖向应变，横向应变，第一主应力和第三主应力进行计算，得到结果如图6.16～图6.19所示。

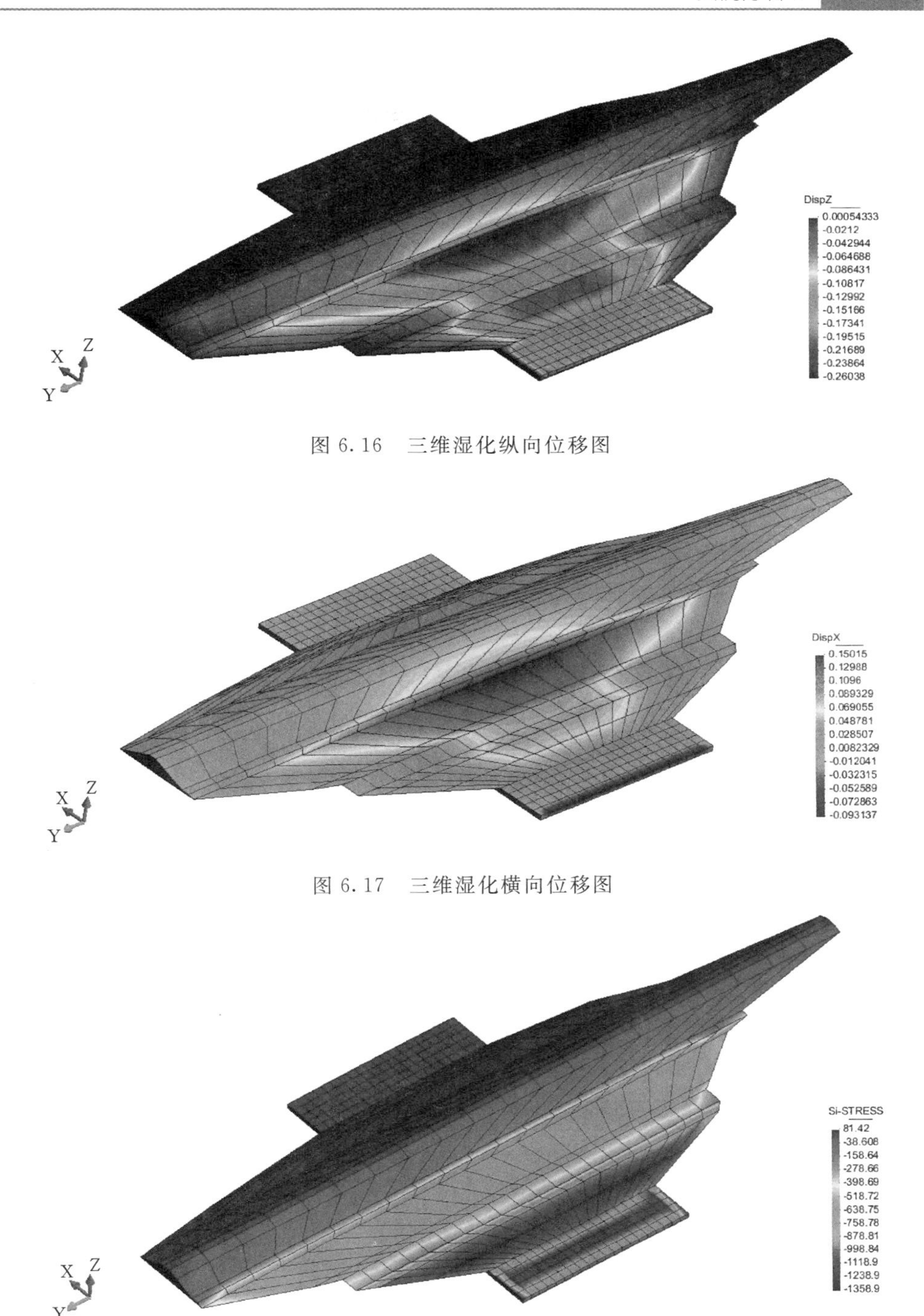

图 6.16　三维湿化纵向位移图

图 6.17　三维湿化横向位移图

图 6.18　三维湿化第一主应力

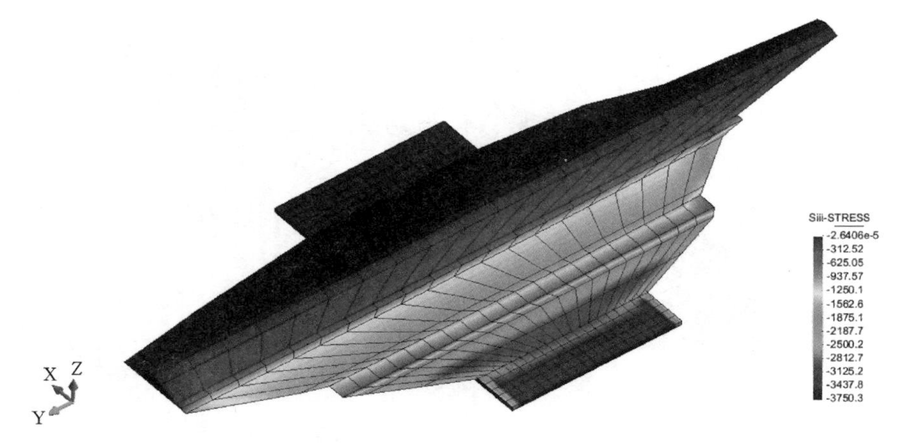

图 6.19　三维湿化第三主应力

如图 6.16 和图 6.17 所示，坝体最大竖向沉降和横向沉降均发生在二级阶梯处，取坝体最高处断面为计算断面根据实际情况将坝体分为 4 个区域如图 6.20 所示。Ⅰ区为坝基底层，Ⅱ区为坝体防渗体，Ⅲ区为排水体，Ⅳ区为坝体填筑材料。坝体模型采用 GID 软件进行绘制，模型比例为 1∶1。绘制好模型后将模型以 IGES 格式导入 Hypermesh 中，进行网格划分。

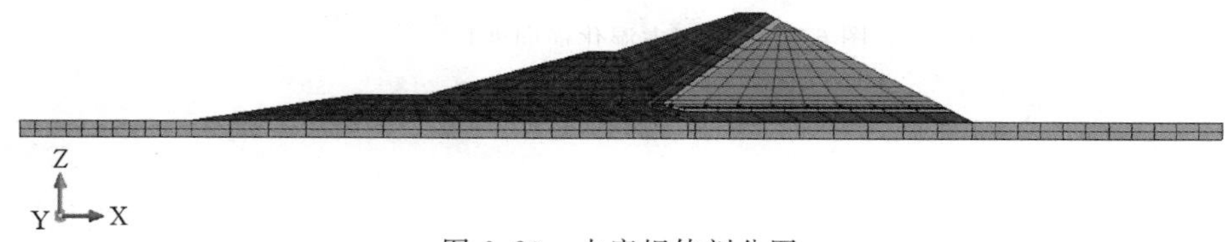

图 6.20　水库坝体剖分图

如图 6.21～图 6.24 所示，每个材料连接节点为同一个节点。在有限元计算中，不同分区节点如不是同一个节点，施加在外部的节点力不能在不同分区之间传递。网格剖分完成后，对模型进行计算。

图 6.21　地基网格剖分图

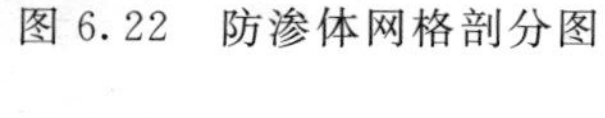

图 6.22　防渗体网格剖分图

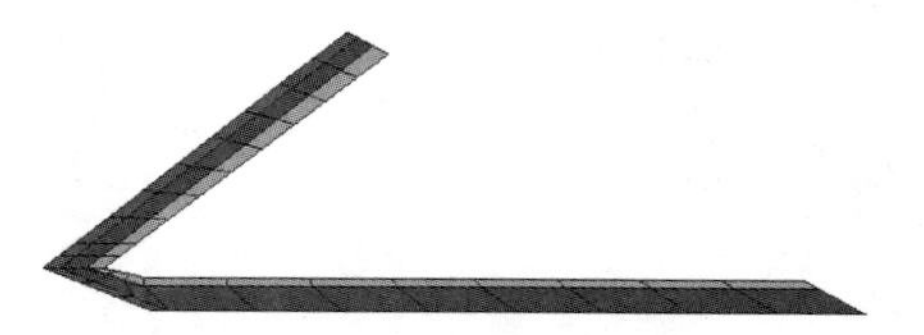

图 6.23　排水体网格剖分图

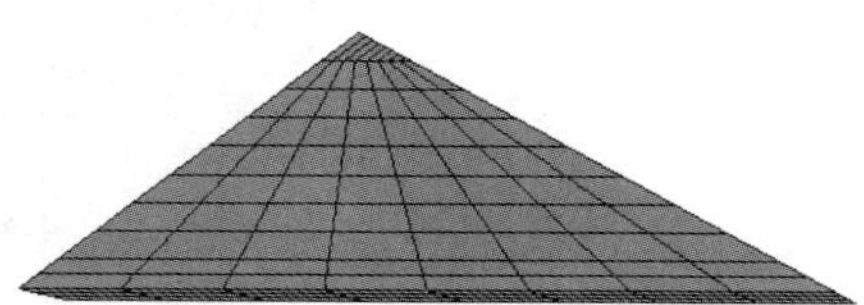

图 6.24　坝体填筑材料网格剖分图

2. 荷载力施加

（1）D_1 计算。在防渗体外侧，即坝体上游侧模拟水压力施加，在有限元计算中，施加耦合空隙水压力模拟渗流。计算结果如图 6.25 和图 6.26 所示。

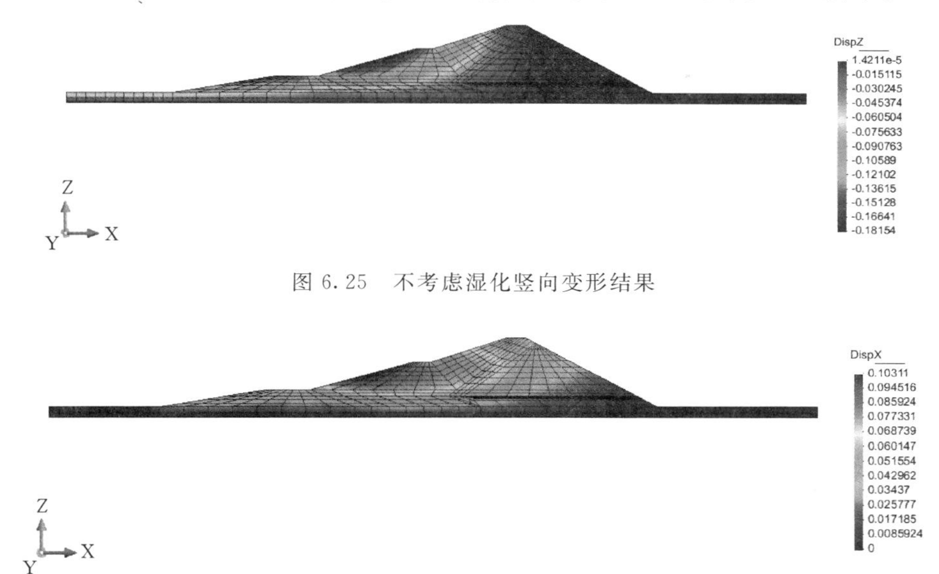

图 6.25　不考虑湿化竖向变形结果

图 6.26　不考虑湿化横向变形结果

（2）D_2 计算。在防渗体外侧，即坝体上游侧模拟水压力施加，在有限元计算中，施加耦合空隙水压力模拟渗流，与 D_1 计算不同，在考虑湿化变形时，程序自动累加湿化变形的应变加入到总应变中。计算结果如图 6.27 和图 6.28 所示。

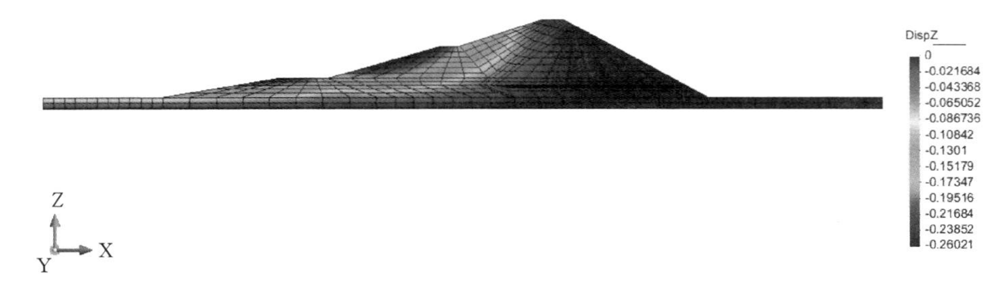

图 6.27　考虑湿化纵向变形结果

6.2.3　计算结果

为分析点位置高度的方便，引入相对高度概念。相对高度是该点的纵坐标值与所在区域的高度值比值，采用相对高度计算的优点是可以忽略单位的影响，

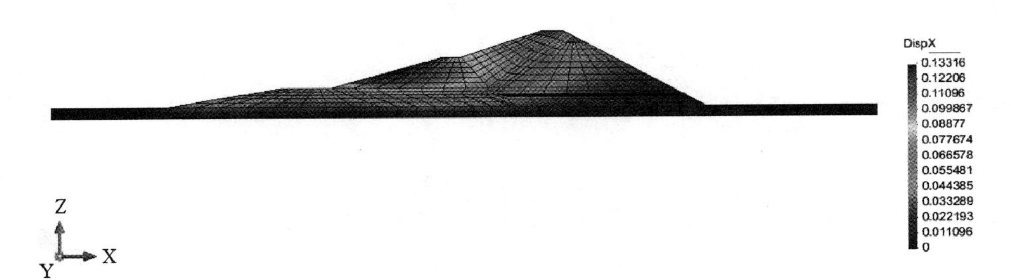

图 6.28 考虑湿化横向变形

更直观地反映点的相对位置和点横纵坐标的关系变化趋势。以下表格特征点的所有高度均采用相对高度计算。所有特征点数值为位移大小，纵向位移以上为正，下为负；横向位移以向坝后方向为正，向坝前方向为负。

1. Ⅰ区地基垫层

对于土石坝而言，地基沉降的影响对于土石坝整体沉降并不大，因为土石坝坝体与地基均为土质结构，两者变形模量比较接近可以视为整体变形。因此本章在坝底部以下取 5m 深的垫层作为坝基的计算部分。在Ⅰ区地基垫层同一竖直线上取如图 6.29 所示 A、B、C 三个点，A、B、C 三点位于变形最大处，具有代表性。A、B、C 三点特征是：横坐标相同；纵坐标位置按相对位置计算，相对高度逐渐减小。具体位置如图 6.29 所示。

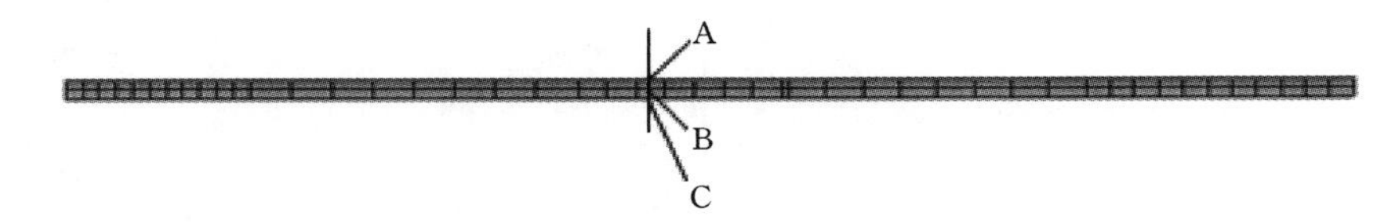

图 6.29 垫层特征点位置图

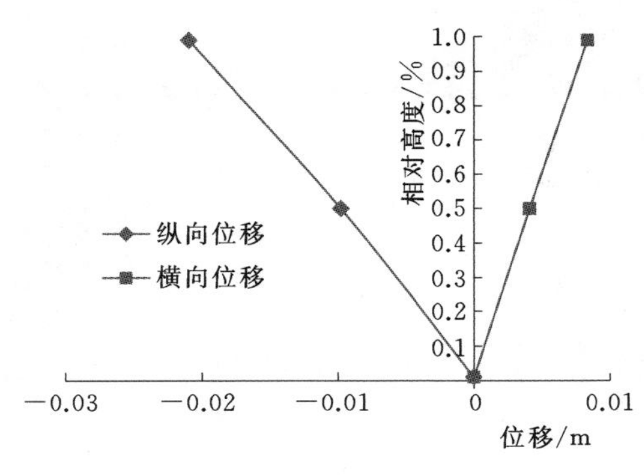

图 6.30 垫层湿化位移图

垫层湿化位移如图 6.30 所示。

通过图 6.30 所示，对于高应力区的垫层，湿化引起的纵向沉降仅为 21mm，纵向位移仅为垫层厚度的 0.42%，随着相对深度的增加，湿化变形逐渐减小。垫层的横向最大位移 8.33mm，随着相对深度的增加，变形逐渐减小。

2. Ⅱ区防渗体

由于防渗体体积较大，且与水直接接触，在土石坝分区功能中起到保证坝体安全的重要作用，防渗体也是受湿化影响最为严重的区域。因此分别在防渗体一级台阶处取同一纵向坐标 A、B、C、D 四个点；在防渗体变二级坡面处取同一纵向坐标 E、F、G、H 四个点；在防渗体二级台阶处同一纵向坐标 I、J、K、L 四个点。

A、B、C、D 四个点位于一级平台。A、B、C、D 四个点处出现集中沉降，分析最大沉降变形趋势。E、F、G、H 四个点位于一级平台与二级平台斜坡处。E、F、G、H 四个点出现坝体最大沉降，分析最大沉降变形趋势。I、J、K、L 四个点位于二级平台。取 I、J、K、L 四个点分析变化趋势。具体位置如图 6.31 所示。

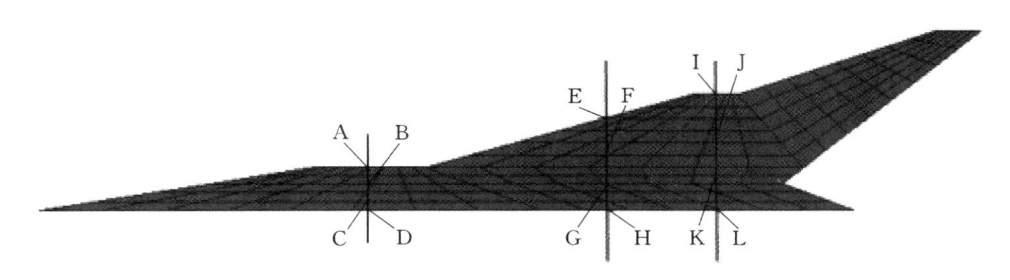

图 6.31　防渗体特征点位置图

防渗体湿化位移Ⅰ图如图 6.32 所示。

对于防渗体区，受湿化变形影响较大。湿化引起的纵向沉降为 70mm，纵向位移为防渗区厚度的 0.88%，随着相对深度的增加，湿化变形逐渐减小。防渗体的横向最大位移 6mm，随着相对深度的增加，横向变化基本不变。

防渗体湿化位移Ⅱ图如图 6.33 所示。

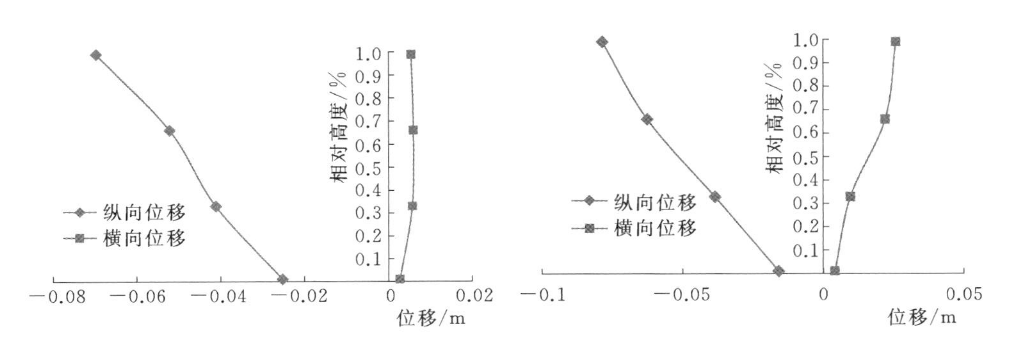

图 6.32　防渗体湿化位移Ⅰ图　　图 6.33　防渗体湿化位移Ⅱ图

对于防渗体区Ⅱ组受湿化变形影响最大，湿化引起的纵向沉降为 7.85cm，纵向位移为防渗区厚度的 0.53%，随着相对深度的增加，湿化变形逐渐减小。防渗体的横向最大位移 2.58cm，根据图 6.33 变化趋势：点 F 与点 G 处出现向后位移突变，即湿化影响产生向后变化。

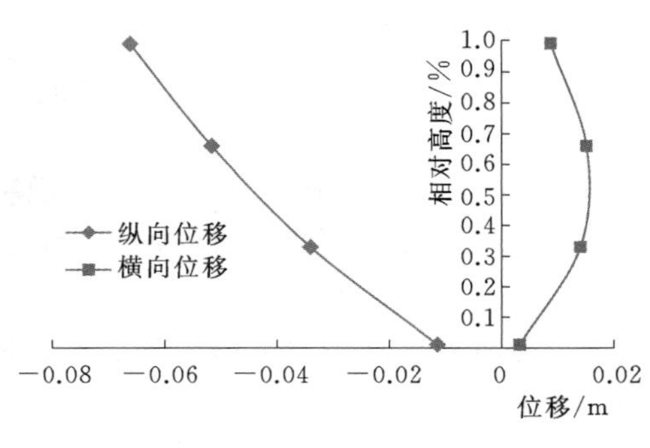

图 6.34 防渗体湿化位移Ⅲ图

防渗体湿化位移Ⅲ图如图 6.34 所示。

对于防渗体区Ⅲ组受湿化变形影响较大，湿化引起的纵向沉降为 6.61cm，纵向位移为防渗区厚度的 0.30%，随着相对深度的增加，湿化变形逐渐减小。防渗体的横向最大位移 1.51cm，最大横向变形出现在点 G 处，即在点 G 处出现了最大湿化变形。

3. Ⅲ区排水体

水库的排水方式为坝内排水。竖式排水加褥垫排水结合的方式，这种方式可以十分有效地降低坝体浸润线高度，排水体后的填筑材料基本不会再受到渗流的影响，在排水体上游侧和下游侧分别设置过渡区。由于排水体截面面积较小，且主要为渗流影响，湿化影响较为明显，在同一竖直位置取相应 A、B、C、D、E、F 6 点。具体位置如图 6.35 所示。

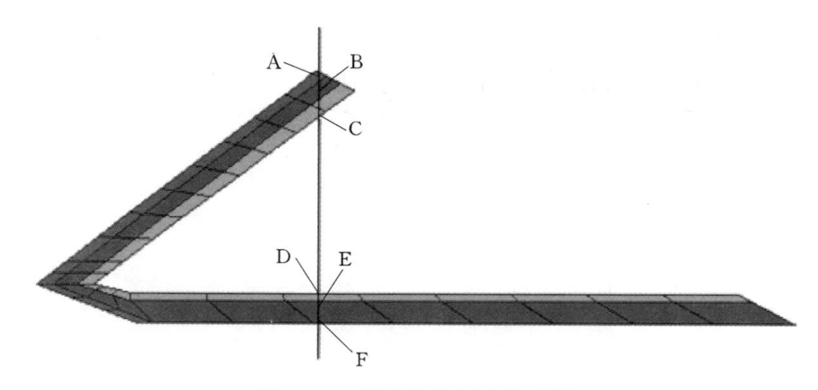

图 6.35 排水体特征点位置图

A、B 和 C 三点湿化位移图如图 6.36 所示，D、E 和 F 三点湿化位移图如图 6.37 所示。

排水体体积较小，但其高度占了整个坝体。由于特征点取点原则为同一条直线，因此，将 6 个特征点分为图 6.36 和图 6.37。

根据图 6.36 变化趋势，A、B、C 三点纵向沉降最大位移 7mm，随深度的增加变化维持不变。横向位移在 A 点处出现最大变形，变形方向为向坝体上游方向。产生该变形的原因可能是防渗体内点 J 处向后变形产生的应力，作用在排水体区，导致排水体 A、B、C 整体向前位移。

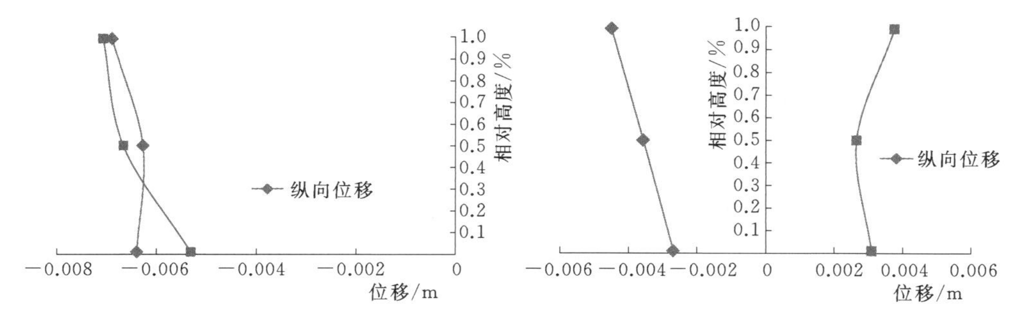

图 6.36 A、B、C 三点排水湿化位移图　　图 6.37 D、E、F 三点排水湿化位移图

根据图 6.35 变化趋势，D、E、F 三点纵向沉降最大位移 4.50mm，且变化趋势与上游防渗体区和地基垫层区变化趋势基本相同，随着相对深度的增加沉降变形逐渐减小。D、E、F 三点横向位移最小位移为 2.66mm，最小位移为 E 点，产生此现象的原因为点 D 和点 E 处产生的湿化变形更大。

4. Ⅳ区填筑体

根据水库施工资料显示，该区域未填筑任意材料，主要起到对坝体的支撑作用。探究该区域内湿化变形对其整体变形影响，在该区域变形最大位置所在纵向坐标均匀处取 A、B、C、D、E、F 六个点为Ⅰ组变形计算点，在变形最大点与坝底部连线中点处所在纵向坐标向下均匀取 G、H、I、J 四个点为Ⅱ组变形计算点。具体位置如图 6.38 所示。

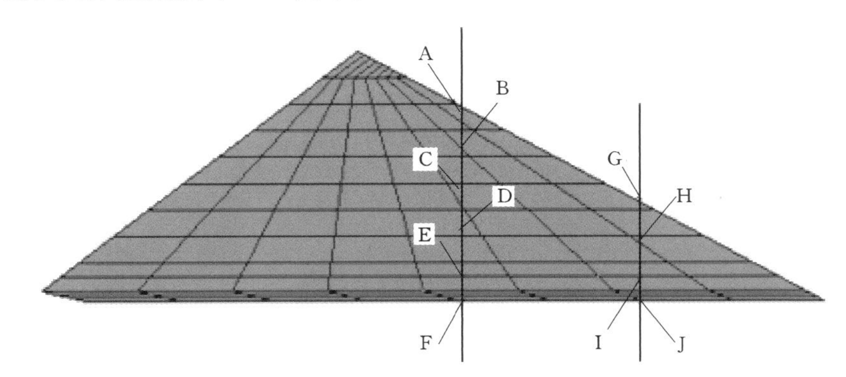

图 6.38 填筑体特征点位置图

填筑体Ⅰ组湿化位移图如图 6.39 所示。

根据图 6.39 变化趋势，随着相对深度的增加，纵向变形逐渐减小。最大值为点 A 处为 5.55mm。湿化变形在 C、D 处产生相对错动；横向变形 A、B、C 三点变形方向为向坝体上游方向，D、E、F 三点变形方向为向坝体下游方向。

填筑体Ⅱ组湿化位移图如图 6.40 所示。

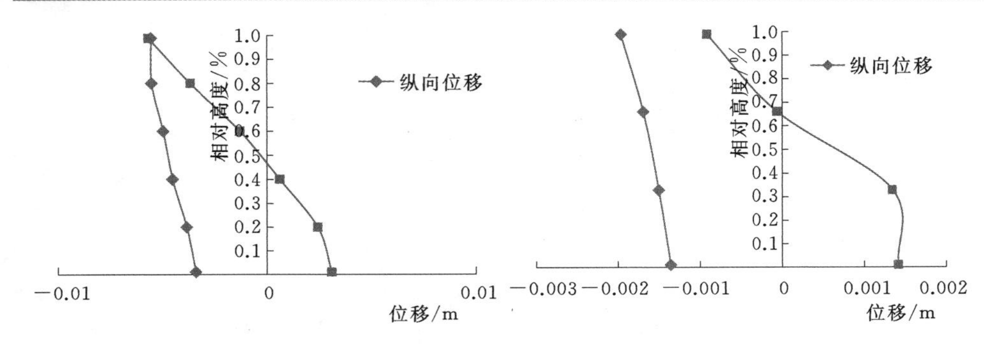

图 6.39 填筑体Ⅰ组湿化位移图

图 6.40 填筑体Ⅱ组湿化位移图

根据图 6.40 变化趋势，随着相对深度的增加，纵向变形逐渐减小。最大值为点 A 处为 2mm。湿化变形在 B、C 处产生相对错动；横向变形 A、B 两点变形方向为向坝体上游方向，C、D 两点变形方向为向坝体下游方向。

应力分析以拉应力为正，压应力为负。图 6.41 为坝体在未考虑湿化变形的第一主应力计算图，图 6.42 为坝体加入湿化变形时第一主应力计算图；图 6.43 为坝体在未考虑湿化变形的第三主应力计算图，图 6.44 为坝体加入湿化变形时第三主应力计算图。

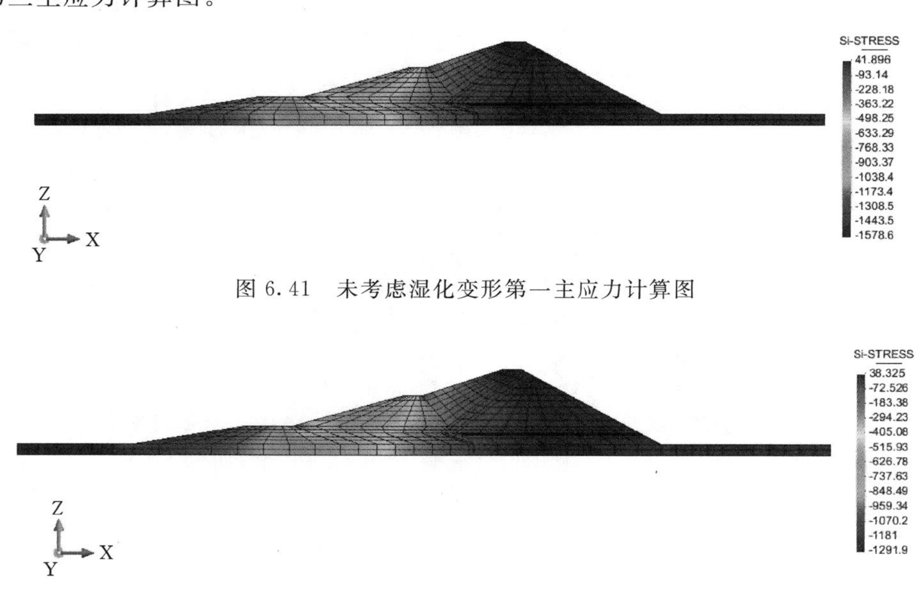

图 6.41 未考虑湿化变形第一主应力计算图

图 6.42 考虑湿化变形第一主应力计算图

根据图 6.41 和图 6.42 对比得：第一主应力在大坝坝肩和坝体背水坡出现了拉应力；考虑湿化的第一主应力小于未考虑湿化的第一主应力。产生这一现象的原因是湿化导致坝体内部应力减小，且湿化影响对坝体内部应力影响较大。

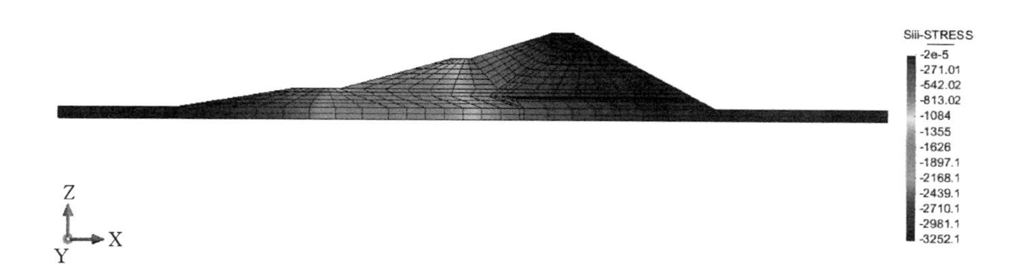

图 6.43　未考虑湿化变形第三主应力计算图

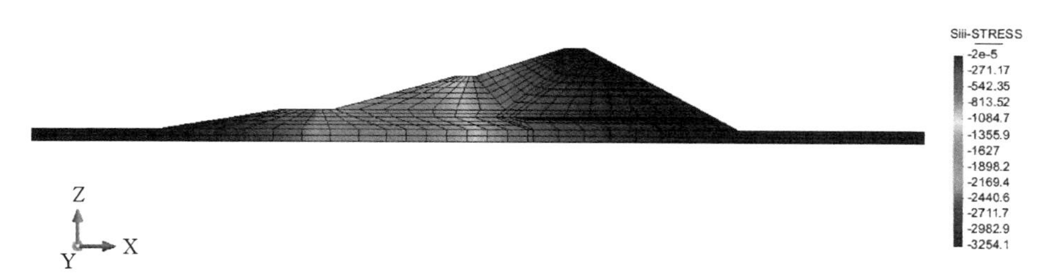

图 6.44　考虑湿化变形第三主应力计算图

根据图 6.43 和图 6.44 对比得，湿化影响对坝体第三主应力影响不大。

6.2.4　小结

在 6.2.2 节中，通过有限元程序计算得到了水库湿化变形结果和应力分布结果。将计算结果变形分为纵向变形和横向变形两方向，并分别得到了两方向的变化值和变化趋势。得到第一主应力值和第三主应力值及变化趋势。

从图 6.30、图 6.32～图 6.34、图 6.36～图 6.37 和图 6.39～图 6.40 所示的横向位移化趋势均为：随着相对高度降低，纵向变形均逐渐减小。产生现象的原因如下。

(1) 有限元计算需要对坝底部所有点进行 Z 向沉降变形的固定，这一条件控制符合试验变形模拟和实际工程变形模拟。因此坝体沉降值越接近底部，纵向变形越小。

(2) 相对高度越低，所受的周围应力越大，固结程度较高，在湿化作用下产生的沉降较小。相对高度越高，周围应力对土体的影响越小，同时湿化作用产生的沉降影响随之增大。

横向变形规律则并不明显，产生这一现象原因：湿化变形定义为坝体内部产生的错动。湿化变形发生在坝体内部，变形的位置是随机产生的。

坝体应力变化随着坝体从上游向下游逐渐减小，根据图 6.41 和图 6.42 所示：坝体第一主应力在坝体背水坡上部出现了拉应力（正应力），产生拉应力原因是据图（斜切应力图）最大拉应力产生在坝肩与山体接触处，产生此现象的原因是在水荷载的作用下，大坝整体向后产生位移，坝肩与山体的摩擦力抵抗这一变形，并对坝体产生了拉应力。坝体在上游水压力和渗透压力的作用下，上右坝面会产生一定的下降变形。上游坝坡的下降会改变坝体整体的应力状态。虽然坝体填筑土体更多地表现为塑性，但会有一部分弹性变形特征使得大坝的背水坡产生拉应力并产生裂缝。湿化变形会使土体沉降量增大，湿化产生的沉降会减小拉应力。这一现象解释了图 6.42 拉应力小于图 6.41 拉应力的原因。

本章参考文献

[1] 欧阳君，徐千军，侍克斌，等. 土石坝边坡稳定性分析的温控参数折减有限元法 [J]. 岩土力学，2011，32 (8)：2549-2554.

[2] 李建波，陈健云，林皋. 非网格重剖分模拟宏观裂纹体的扩展有限单元法 (2：数值实现) [J]. 计算力学学报，2006 (3)：317-323.